에너지시스템 설계

김동혁 · 황광일 지음

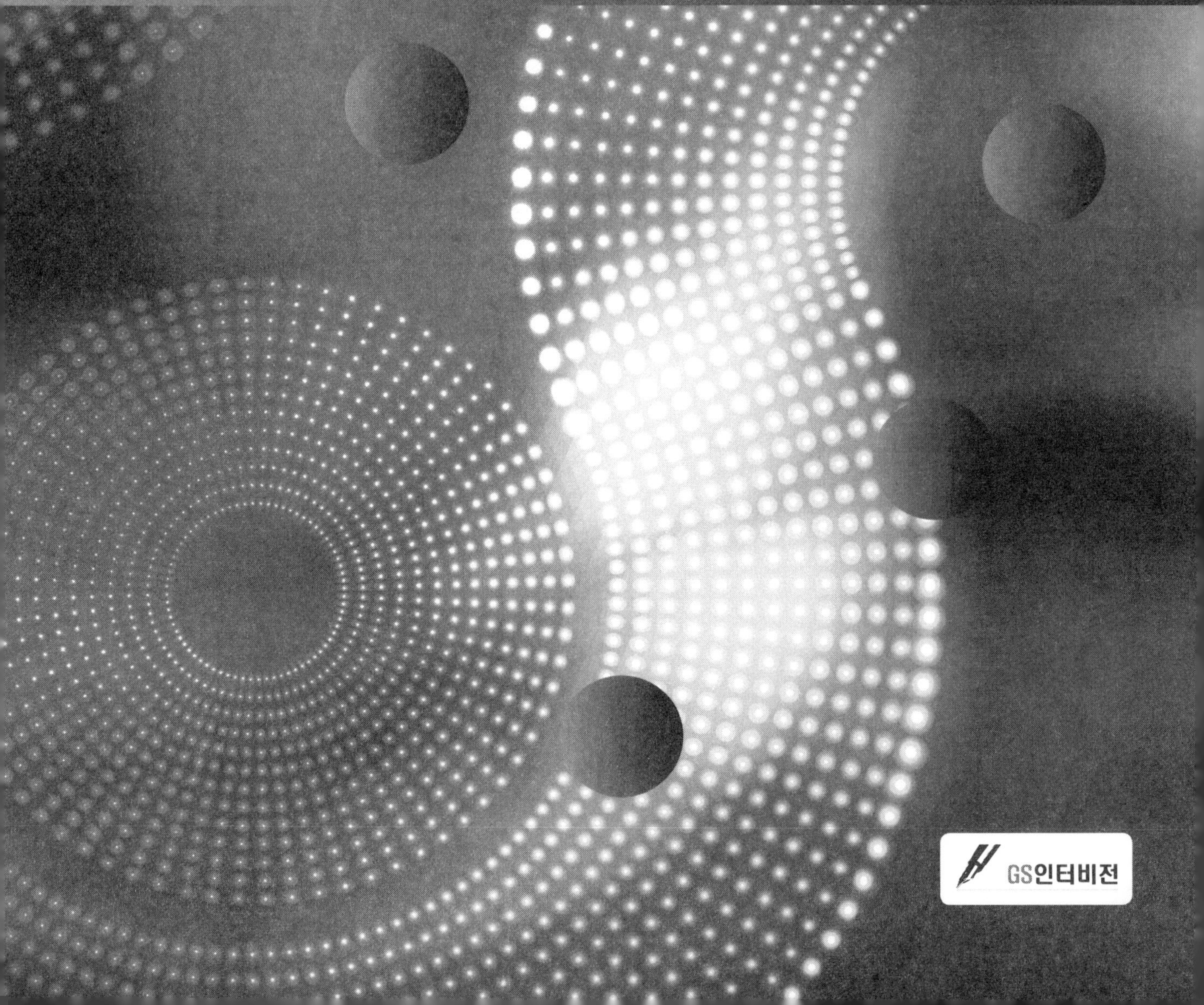

GS인터비전

머리말

기계공학을 공부하고 나면 과연 무엇을 할 수 있을까 하고 자신들에게 물어보는 학생들이 많을 것이라고 생각한다. 사실 저자도 대학시절에 비슷한 생각을 해보았다. 결국 선배로부터 들었던 바로는 기계공학 4년 공부해서 할 수 있는 것은 펌프 정도를 설계하는 것이라 했는데 그 말을 듣고 매우 실망했던 기억이 난다. 그 때만 해도 펌프라 하면 머릿속에 떠오르는 것이 동네 우물에 설치된 수동식 펌프 정도였으니 실망하는 것이 어쩌면 당연했으리라고 본다. 대학을 졸업하고 나서 실제의 산업현장에서 우리가 배웠던 기계공학을 적용하려하니 쉽게 되지 않았다. 결국 수많은 시행착오를 겪고 나서야 비로소 기계다운 기계를 설계할 수가 있었다. 물론 저자의 학문적 높이가 낮아서 그런 점도 있겠지만 그 당시의 대학에서 기계의 설계를 위한 교육이 다소 부족했던 것이 아닌가 생각된다.

에너지시스템이라 하면 에너지를 생산하거나 변환하는 기계시스템을 말한다. 에너지 시스템에서 에너지를 생산하거나 변환하기 위해서는 에너지를 이동시킬 수 있는 매개물질 즉 작동유체를 필요로 하게 되는데 이러한 에너지 시스템을 설계하기 위해서는 시스템에 사용되는 작동유체를 열역학적으로 다루는 것은 물론이거니와 유체역학 및 열전달의 관점에서도 다룰 수 있어야만 한다. 또한 이러한 이론들을 바탕으로 하여 시스템을 설계함에 있어서는 경제성을 포함한 최적설계의 개념이 도입되어야 하는데 불행하게도 아직까지는 이들을 모두 포괄적으로 수용하여 다루는 교재가 없는 것이 현실이다.

본 교재에서는 이러한 주제들에 관한 대학 학부 수준의 설계능력 배양에 초점을 맞추고자 한다. 이 말은 대학을 졸업한 후 산업현장에서 시스템을 설계할 때 일단 기본적인 설계능력은 갖추고 설계에 임할 수 있도록 한다는 말이다. 여기서 말하는 기본적인 설계능력이란 에너지 시스템의 핵이라고 할 수 있는 작동유체에 연관된 열 및 유체에 국한시키는 말이며 본 교재에서 다루지 못하는 분야인 재료역학, 기계설계 및 가공 등에 대해서는 별도의 강의를 통해서 습득할 수 있도록 해야 할 것이다. 본 교재가 에너지 시스템을 설계하고자하는 기계공학도들에게 조금이나마 도움이 되길 바란다.

2016년 8월 저자 일동

차례

1장 열역학 제1법칙(The 1st Law of Thermodynamics) ···· 1

1.1 열역학이란? (What is thermodynamics?) ···· 3

1.2 열역학계(thermodynamic system); ···· 3

1.3 열역학적 상태량(thermoldynamic properties); ···· 5

1.4 열역학적 평형(thermodynamic equilibrium); ···· 6

1.5 열역학적 과정과 사이클(thermodynamic process and cycle); ···· 6

1.6 작동유체(working fluid); ···· 7

1.7 물의 상태량(properties of water); ···· 8

1.8 이상기체의 상태량(properties of ideal gas); ···· 10

1.8.1 이상기체의 상태방정식 ···· 10

1.8.2 이상기체의 내부에너지, 엔탈피, 비열 ···· 11

1.9 열역학 제1법칙(the 1st law of thermodynamics); ···· 13

1.10 이상기체의 상태변화 ···· 17

2장 열역학 제2법칙(The 2nd Law of Thermodynamics) ·· 25

2.1 가역과정과 비가역과정 ···· 28

2.2 Carnot 사이클 ···· 28

2.3 열역학적 온도 ···· 29

2.4 Clausius 부등식 ···· 30

2.5 엔트로피의 정의 ···· 31

2.6 열역학적 상태량의 관계식 ······ 32
2.7 엔트로피의 변화량 ······ 32
2.7.1 고체 및 액체 ······ 32
2.7.2 이상기체 ······ 33
2.8 비가역과정 중인 검사질량의 엔트로피 변화 ······ 34
2.9 검사체적에 대한 열역학 제2법칙의 적용 ······ 36

3장 열기관 사이클 ······ 41
3.1 Rankine 사이클 ······ 43
3.2 공기표준 사이클 ······ 46
3.2.1 Otto 사이클 ······ 47
3.2.2 Brayton 사이클 ······ 48
3.2.3 Diesel 사이클 ······ 49
3.3 증기압축식 냉동사이클(vapor compression refrigeration cycle) ···· 50

4장 유체의 유동(Fluid Flow) ······ 57
4.1 유체역학이란 무엇을 다루는 학문인가? ······ 59
4.2 유체의 유동 ······ 60
4.3 유동에 관한 지배방정식(governing equations) ······ 61
4.4 레이놀드 수(Reynolds number) ······ 63
4.5 경계층(boundary layer) ······ 63
4.6 Newton의 점성법칙 ······ 64

4.7 포아셀 유동(Poiseuille flow) ········· 65
4.8 점착조건 (No-slip condition) ········· 66
4.9 상사(similitude) ········· 67
4.10 관내 유동 ········· 69
4.10.1 파이프 내의 정상 층류 유동 ········· 69
4.11 외부표면 유동 ········· 71

5장 열전달(Heat Transfer) ········· 79
5.1 전도열전달 ········· 82
5.1.1 정상상태의 1차원 열전도 ········· 84
5.1.2 2차원 정상상태 전도의 수치적 해석 ········· 88
5.1.3 2차원 비정상상태 전도의 수치적 해석 ········· 90
5.2 대류열전달 ········· 93
5.3 복사 열전달 ········· 101

6장 열 시스템 ········· 113
6.1 열교환기의 개념 ········· 115
6.2 단순열교환기 ········· 116
6.2.1 단순열교환기의 개념과 전체열전도 ········· 116
6.2.2 단순열교환기에서의 열전달 ········· 118
6.3 복합 열교환기 ········· 123
6.3.1 복합열교환기의 개념과 열전달 ········· 123

6.3.2 복합열교환기의 효율 ······ 128

6.4 폐열회수시스템 ······ 129

7장 유체 시스템 ······ 135

7.1 관로시스템의 개요 ······ 137

7.2 관로시스템 ······ 138

7.2.1 관로시스템에서의 마찰손실 ······ 138

7.2.2 관로시스템에서의 동적손실 ······ 140

7.3 관로 네트워크 ······ 141

7.4 동력 ······ 142

8장 시스템 최적화 ······ 145

8.1 시스템의 개념 ······ 147

8.2 시스템 구성요소 및 특성 ······ 148

8.2.1 시스템의 운전특성 ······ 148

8.2.2 시스템 구성요소와 관계 ······ 148

8.3 최적화와 구속조건 ······ 151

8.4 최적화 방법 ······ 152

8.4.1 라그랑제 곱수에 의한 최적화 방법 ······ 152

8.4.2 동적 최적화 방법 ······ 154

9장 에너지 경제학 ········ 163
9.1 기본개념 ········ 165
9.2 이자 ········ 166
9.2.1 단리이자 ········ 166
9.2.2 복리이자 ········ 167
9.2.3 연속복리 ········ 169
9.3 연속지불 ········ 170
9.3.1 연속지불의 개념 ········ 170
9.3.2 상환기금 ········ 171
9.3.3 분할대부 ········ 173
9.3.4 증가지불 ········ 174
9.4 물가상승 ········ 175
9.5 채권 ········ 175
9.6 감가상각 ········ 176
9.7 세금 ········ 177
9.8 경제성 평가의 기본개념 ········ 177
9.8.1 에너지절약비용 ········ 177
9.8.2 단순원금회수기간 ········ 178
9.8.3 연료가격 상승비용 ········ 179
9.9 투자대비 회수율 ········ 180
9.9.1 한계할인율 ········ 180
9.9.2 투자 회수율(ROI) ········ 181
찾아보기 ········ 185

1장

열역학 제1법칙

(The 1st Law of Thermodynamics)

1.1 열역학이란? (What is thermodynamics?)

열역학은 열과 일의 관계를 다루는 학문이다. 열과 일은 에너지로서 동일하며 단지 그 형태만이 다를 뿐이고 상호 변환이 가능하다. 현대생활에서 우리가 필요로 하는 에너지는 일인데 열을 변환시켜 일을 만들어내는 것이다. 두 에너지는 상호변환 가능하다했으나 이는 원칙적인 얘기일 뿐 그리 쉽지 않은 얘기다. 물론 일을 열에너지로 변환시키는 것은 마찰을 이용해서 쉽게 이룰 수 있으나 열을 일로 바꾸는 것은 쉽게 되지 않는다. 여기에는 열기관이라는 특수한 장치가 사용되어야 하며 이 장치가 있어야만 비로소 열을 일로 변환시킬 수가 있다. 물론 모든 열이 일로 변환되는 것도 아니고 두 열원 간에서 작동하는 열기관의 성능에 따라 일정부분만이 일로 변환되는 것이다. 열역학 제1법칙에서는 열과 일이 상호변환 가능하다는 것만 말하고 있을 뿐이지 얼마만큼의 열이 일로 변환 가능한가를 말해주는 것은 열역학 제2법칙이다.

열을 일로 변환시켜주는 장치인 열기관은 이를 위해 매개물질을 필요로 한다. 즉 열을 받아 자신의 상태를 변화시키고 이를 이용하여 일을 할 수 있는 물질을 말한다. 열역학에서는 이러한 물질을 작동유체(working fluid)라 부르며 작동유체는 열을 받아 자신의 체적을 팽창시키거나 압력(또는 엔탈피)을 상승시켜 일을 수행한다. 작동유체가 수행한 과정들의 연속에 의해 열역학적 사이클이 완성되면 열기관은 반복적으로 열을 일로 변환하는 작업을 수행할 수 있게 된다. 열역학은 이렇게 열과 일의 관계를 연구하고 주어진 열로부터 최대의 일을 생성해낼 수 있는, 다시 말해서 열효율이 높은 열기관을 만들어내기 위한 학문이다. 열효율이 더 높은 열기관을 만들게 되면 그만큼 동력을 생산하기 위한 화석연료가 덜 소모되고 궁극적으로는 지구 환경을 보호하는 것이 되는 것이다.

1.2 열역학계(thermodynamic system);

열역학계에서는 내부에 존재하는 물질(matter)이 경계(boundary)에 의해 주위(surrounding)와 구분이 되고 있다. 내부에 존재하는 물질은 열역학적 시스템을 작동시키는데 필수적인 작동유체(working fluid)를 말하며 이 물질의 존재로 인하여 에너지의 변환 또는 이동이 가능해지게 된다. 작동유체는 경계의 내부에 존재하는 물질이지만 계의 종류에 따라 경계를 통과하여 주위로 이동할 수도 있다. 이러한 경계를 통한 작동유체의 이동가능 여부에 따라 계의 종류가 구분되는데 작동유체가 출입할 수 없는 계를 밀폐계(closed system), 출입이 가능한 계를 개방계(open system) 또는 유동계(flow system)이라 부른다. 밀폐계와 개방계 모두에서 에너지의 출입은 항상 가능하다. 또한 작동유체와 에너지의 출입이 모두 불가능한 계를 고립계(isolated system)로 정의하고 있다. 자연계에서 대부분의 열역학계는 밀폐계이거나 개방계이지만 우주전체를 하나의 계로 본다면 고립계로 볼 수 있을 것이고 또한 계를 이상화시키기 위한 경우에도 고립계의 존재를 생각할 수 있다.

열역학에서 중요하게 다루는 것은 열과 일의 출입을 통해 이루어지는 에너지의 변환과 이동이므로 이를 정확하게 계산해내기 위해서는 계 내부에 존재하는 작동유체를 대상으로 하는 해석이 이루어져야 할 것이다. 다시 말해서 경계를 통과하여 작동유체에 공급되는 열이 일로 변환될 때 경계내부에 있는 작동유체에 에너지보존식을 적용하여 일을 계산하게 되는 것이다.

이러한 작업은 밀폐계의 경우에는 비교적 간단하다. 밀폐계에서는 물질의 출입이 불가능하므로 경계내부에 있는 작동유체의 질량이 과정이 지속되는 동안 일정하기 때문이다. 이 경우에는 경계내부의 변하지 않는 질량을 열역학 계산의 대상으로 설정하게 되는데 이를 검사질량(control mass)이라 부른다. 이 때 에너지보존식은 전달열과 발생일은 물론이고 과정이 시작되는 초기의 작동유체의 상태량과 과정이 끝나는 최종의 작동유체의 상태량들로 표시된다. 밀폐계의 열역학해석에서는 검사질량을 대상체로 설정하기 때문에 이를 검사질량법이라 부른다.

개방계 또는 유동계의 해석은 위의 방법을 적용할 수가 없다. 왜냐하면 개방계에는 물질이 출입할 수 있기 때문에 경계내부에 존재하는 물질 즉 작동유체의 질량이 변할 수 있기 때문이다. 즉 과정 전에 경계내부에 존재하던 작동유체의 질량이 과정 중에 변화할 수 있으므로 일정한 질량을 전제로 하는 검사질량법은 더 이상 사용할 수가 없고 경계내부의 작동유체에 과정중 변하지 않는 다른 양을 사용하는 방법을 만들어야 한다. 물질의 출입이 존재하는 개방계에 변하지 않는 일정한 경계를 설정해준다면 경계내부의 체적이 일정하게 되며 여기에 에너지보존식을 적용할 수가 있게 되는데 이를 검사체적(control volume)이라 한다. 검사체적을 설정하는 방법은 물질의 출입이 존재하는 출입구에 임의의 일정한 경계를 설정해 주고 나머지의 경계는 출입구를 제외한 구조물벽을 따라 경계를 설정해주는 것이다. 이렇게 설정된 경계를 검사면 또는 검사표면(control surface)이라 하며 일단 설정된 검사체적은 열역학적 과정해석 중에는 불변으로 남아있어야 한다. 검사질량을 설정할 때에도 검사표면을 사용하나 이때의 검사표면은 밀폐계의 경계와 동일하므로 큰 의미는 없다.

개방계를 해석할 때 중요한 사항은 작동유체의 상태이다. 작동유체의 변화는 검사체적 내에서 이루어지지만 발생되는 일량은 검사체적으로 유입되기 전과 후의 작동유체의 상태량을 바탕으로 하여 계산된다. 이때 검사체적으로의 열의 유출입은 발생 일량에 직접적인 영향을 주지 않고 단지 에너지식에서 방열(혹은 흡열)의 항으로 남게 된다. 이 때의 에너지식은 밀폐계의 경우와 유사하나 내부에너지 대신에 유동일을 포함하는 엔탈피를 사용하고 과정의 전과 후의 상태량 대신 입구와 출구의 상태량을 사용하게 되는 것이다.

1.3 열역학적 상태량(thermoldynamic properties);

열기관과 같은 열역학계는 에너지를 변환하거나 이동시키는 기능을 한다. 이 때 사용되는 매개물질이 작동유체인데 작동유체는 과정을 수행하는 동안 열 또는 일과 같은 에너지를 받아 자신의 열역학적 상태를 변화시킴으로써 위의 기능을 수행하는 것이다. 작동유체의 열역학적 상태를 나타내는 양을 열역학적 상태량이라 하며 주요 열역학적 상태량에는 온도, 압력과 같은 강도성 상태량(intensive property)과 비체적, 내부에너지, 엔탈피, 엔트로피 등과 같은 종량성 상태량(extensive property)이 있다. 이 외에도 비열, 건도와 같이 위의 주요 상태량에 의해 유도되는 양들도 상태량의 성질을 가진다. 상태량은 점함수(point function)로서 완전미분으로 표현이 가능하다. 임의의 물질의 상태를 나타내기 위해서는 오직 두 개의 독립적인 상태량만 필요하며 다른 상태량들은 제반 열역학적 관계식에 의해 표현이 가능하다. 과정 전과 후의 상태가 고정되어 있을 때 과정 중 발생하는 상태량의 변화량은 과정의 경로와 상관없이 항상 일정한 값을 가지는 독특한 성질을 가지고 있다.

1.4 열역학적 평형(thermodynamic equilibrium);

외부로부터 어떤 에너지를 받아 계의 상태가 변화할 때 변화 전의 상태와 변화 후의 상태는 모두 열역학적으로 평형상태에 도달해 있다고 가정한다. 다시 말해서 열역학적인 평형상태에 도달하지 않았을 경우에는 변화가 완료되지 않았다고 보는 것이다. 이러한 열역학적인 평형상태는 계가 열적으로, 역학적으로 그리고 화학적으로 평형에 도달해야만 만들어질 수 있는데 이 세 가지 평형이 동시에 이루어져야만 하는 것이다. 예를 들어 실린더/피스톤 결합체에서 어느 순간 피스톤이 빠른 속도로 실린더 내의 기체를 압축하게 되면 순간적으로 피스톤 면의 근처에 있는 기체가 압축이 되고 시간이 경과함에 따라 내부 전체의 기체로 영향을 미치게 되어 실린더 내부의 압력이 균일해진다. 즉 실린더의 내부는 최초 압축이 시작될 때의 압력의 불평형이 일정 시간 후 평형으로 전이되는 것이다. 이러한 평형을 역학적 평형이라 한다. 열역학에서는 평형에 소요되는 시간은 다루지 않는다. 마찬가지로 계의 표면에 고온이 부가되면 계 내부의 물질의 온도는 순간적으로 균일하게 상승하지 않고 일정한 시간이 경과하여야 등온상태가 되는데 이러한 상태가 될 때 계는 열적으로 평형상태에 도달했다고 한다. 하지만 이러한 두 가지 평형상태가 만족되어도 계 내부에서 화학반응이 발생한다면 평형상태가 깨어질 수밖에 없기 때문에 화학적인 평형도 동시에 만족되어야만 열역학적으로 평형한 상태에 도달했다고 보는 것이다. 변화 또는 과정을 다룰 때 변화 전과 후의 상태는 이러한 열역학적 평형상태를 가정하게 된다.

1.5 열역학적 과정과 사이클(thermodynamic process and cycle);

열역학계를 구성하는 작동유체는 에너지를 받아 상태가 변화한다. 열역학에서는 모든 상태변화에 대해 평형상태를 가정하고 있다. 상태가 변화할 때 무한히 작은 상태량의 변화일 때에만 짧은 시간동안에 평형상태에 도달 가능하며 유한한 크기의 상태량이 변화할 때에는 무한히 작은 상태량의 변화를 무수히 반복하게 된다. 즉 무수히 많은 준평형상태(quasi static equilibrium)의 집합에 의해 유한한 크기의 변화가 완성되는데 이를 열역학적 과정이라 한다. 무한히 많은 과정의 형태가 존재할 수 있지만 열역학계를 해석하기 위해 적절히 이용되는 과정에는 정적과정을 비롯하여 정압과정, 등온과정 단열과정 및 폴리트로프 과정 등이 있다.

열기관에서는 몇 가지 과정을 수행하여 열을 일로 변환시키거나 열을 저온에서 고온으로 이동시키는 기능을 하고 있다. 이 때 작동유체는 상태가 변화하게 되는데 상태량이 변화하여 에너지변환 또는 이동이라는 소기의 목적을 달성하고 난 후의 작동유체는 더 이상 같은 목적에 사용할 수 없게 된다. 따라서 같은 목적에 다시 사용하기 위해서는 작동유체의 상태량을 원래의 상태량으로 환원시키는, 다시 말해서 상태량을 초기화시키는 새로운 과정이 필요하고 이를 수행함으로써 작동유체는 최초의 상태로 돌아오게 되어 또 다른 에너지 변환을 반복할 수 있게 되는 것이다. 이와 같이 작동유체가 몇 개의 과정을 통해 에너지의 변환 또는 이동을 달성하고 원래의 상태로 되돌아오게 되는 열역학적 과정의 연속을 열역학적 사이클이라 한다. 열기관에서 지속적인 에너지 변환을 이루기 위해서는 반드시 열역학적 사이클이 수행될 수 있도록 설계해야한다는 것을 명심해야 한다.

1.6 작동유체(working fluid);

열기관에서 열을 일로 변환시키거나 저온에서 고온으로 이동시키는 작업을 하기 위해 매개물질의 상태변화를 이용하게 되는데 이러한 매개물질을 작동유체라 한다. 열기관에서 작동유체로 사용되는 물질로는 물, 공기 같이 쉽게 구할 수 있는 물질이거나 낮은 온도에서 쉽게 증발하는 성질을 가지는 냉매 종류 등이 있다. 물이나 공기는 열을 일로 바꾸어주는 대부분의 열기관 즉 동력기관에서 작동유체로 사용되고 있다. 물은 열을 받아 비등하여 과열증기로 변한 후 증기터빈을 돌려 동력을 만들어내는 열기관에 사용되는데 상변화에 따르는 잠열을 이용하여 많은 열을 열기관에 공급할 수 있게 된다.

증기터빈을 이용한 화력발전소나 원자력발전소에서는 물을 작동유체로 사용한다. 자동차용 가솔린엔진이나 디젤엔진, 항공기용 제트엔진 등은 공기를 작동유체로 사용한다. 공기에 연료를 혼합하여 압축한 후 점화시키게 되면 내부 기체에 높은 압력이 발생하고 이의 팽창 시에 피스톤 또는 터빈에 동력을 발생시킨다. 증기압축식 냉동기의 경우 포화상태의 냉매를 팽창시켜 압력을 낮추게 되면 상대적으로 낮은 온도에서도 비등을 하게 되는데 이때 비등에 필요한 잠열을 외부로부터 흡수하여 냉동효과를 가져오게 된다. 잠열을 흡수한 냉매증기는 압축되어 과열증기가 된 후 응축기에서 주위와 열교환을 통해 외부로 열을 배출하게 되는데 이는 냉매가 저온으로부터 열을 흡수하여 고온의 응축기로 방열하는 역할을 하는 것이다. 즉 이 경우 냉매라고 하는 작동유체는 압축일이라는 에너지를 외부로부터 받아 저온에 있는 열을 고온으로 이동시키게 된다.

이상과 같이 열기관에서는 작동유체로서 물, 공기 및 냉매를 사용하므로 이들 작동유체의 상태변화에 관해 자세히 공부할 필요가 있다. 물은 순수물질로서 고체, 액체 및 기체로 존재하면서 분자구조를 그대로 유지한다. 이러한 순수물질의 상태는 액체(물)와 기체(증기)사이에 포화영역을 포함하게 되는데 포화영역에서의 상태량을 구하기 위해서는 건도(quality or dryness)라고 불리는 상태량을 알아야만 한다. 물과 증기 영역에서는 온도와 압력과 같은 두 가지 상태량에 의해 상태가 결정된다. 이러한 상태량은 증기표를 통해서 찾을 수 있다.

공기를 작동유체로 사용하는 열기관의 해석은 더욱 간단하다. 물론 작동유체가 공기에 연료를 혼합한 기체이지만 이를 이상기체로 간주하게 되면 보일-샤알의 법칙에 근거한 이상기체의 상태식을 이용할 수 있게 된다. 즉 이상기체의 P-V-T관계식을 이용하여 과정해석을 하게 되는 것이다. 이러한 과정해석을 통해 사이클 전체를 해석하게 되고 사이클의 열효율도 쉽게 구할 수 있게 된다.

1.7 물의 상태량(properties of water);

물은 순수물질로서 증기를 이용한 기관의 작동유체로서 이용되고 있다. 물은 압축수(compressed water)와 과열증기(superheated vapor) 영역에서는 온도와 압력이라는 두 개의 독립된 상태량에 의해 상태가 결정되지만 포화영역(saturated region)에서는 이 두가지 상태량이 상호 종속적으로 변하기 때문에 증기의 상태를 나타내는 건도를 추가적으로 알아야 상태를 결정할 수 있게 된다. 이 때 건도는 단위질량의 습증기 속에 포함된 포화증기의 질량비를 말하는데 건도가 0이면 포화액, 1이면 포화증기를 나타내게 된다. 건도 x는 다음 식에 의해 정의된다. 여기서 m_g는 포화증기의 질량, M은 습증기의 질량을 나타낸다.

$$x = \frac{\text{포화증기의 질량 } m_g}{\text{습증기 } 1kg} = \frac{m_g}{M} \tag{1.1}$$

습증기의 상태량은 그 안에 포함된 포화증기와 포화액이 가지는 상태량의 합으로 표현될 수 있는데 이는 습증기의 상태량이 포화액과 포화증기의 상태사이에서 건도에 비례하여 변화함을 의미한다고 할 수 있다. 이는 다음과 같은 식으로 표현되며 m_l, u_f, u_g는 포화액의 질량, 포화액의 상태량, 포화증기의 상태량을 각각 나타낸다.

$$u = \frac{m_l}{M}u_f + \frac{m_v}{M}u_g \tag{1.2}$$

이러한 상태량에는 내부에너지 u, 비체적 v, 엔탈피 h, 엔트로피 s 등을 적용할 수 있는데 위 식은 건도 x의 정의에 의해 다음의 식으로 다시 쓸 수 있다.

$$u = (1-x)u_f + xu_g = u_f + xu_{fg} \tag{1.3}$$

건도 x에 관해 정리하면 다음의 식을 얻는다.

$$x = \frac{u - u_f}{u_{fg}} \tag{1.3a}$$

이와 같이 하여 물의 상태량을 결정하게 되면 과정에 따르는 열과 일의 출입량을 계산할 수 있게 된다.

예제 1.1 비체적 0.7 m^3과 200 kPa의 압력에서 물의 건도를 구하시오.

풀이 포화 수증기표에서 200 kPa의 물의 v_f 및 v_g를 찾아보면 각각 0.001061 및 0.88573 m^3/kg이고 주어진 비체적은 이 사이에 있으므로 상태는 포화상태이다. 이 때 건도의 정의에 의해

$$x = \frac{v - v_f}{v_{fg}} = \frac{0.7 - 0.001061}{0.88467} = 0.79$$

만일 비체적이 v_g 값인 0.88573 보다 커지게 되면 과열증기 영역으로 들어가게 되는데 예를 들어 같은 압력에서 비체적이 1.5 m^3/kg 라 하면 과열증기표를 통해 원하는 값을 구한다. 과열증기표에는 특정 압력과 온도에 대한 값만 나오므로 임의의 값에 대해서는 보간을 통해 구한다. 200 kPa의 압력에서 v가 1.5 m^3/kg인 상태는 아래와 같이 300℃ 와 400℃ 사이에 존재한다.

온도 (℃)	비체적 (m^3/kg)
300	1.31616
x ?	1.5
400	1.54930

비례식을 통해 x를 구하면 과열증기의 온도를 구할 수 있다. 즉 x는 다음과 같이 구해진다.

$$x = 300 + \frac{1.5 - 1.31616}{1.54930 - 1.31616}(400 - 300) = 378.854(\mathrm{oC})$$

1.8 이상기체의 상태량(properties of ideal gas);

1.8.1 이상기체의 상태방정식

이상기체의 상태량을 구하는 상태방정식은 보일-샤알의 법칙을 변형시킨 것으로서 다음과 같이 표시된다.

$$Pv = RT, \quad \text{혹은} \quad PV = mRT \tag{1.4}$$

여기서 v는 비체적을 나타내고 V는 전체 체적을 표시한다. 위 식은 몰수 n이 질량 m을 분자량 M으로 나눈 것으로 정의되므로 $PV = nMRT$로 다시 쓸 수 있다. 상태식의 다른 형태인 $P = \rho RT$로부터 다음의 관계가 성립하게 되는데

$$\frac{\rho_2}{\rho_1} = \frac{M_2}{M_1} = \frac{R_1}{R_2} \tag{1.5}$$

이로부터 $M_1R_1 = M_2R_2 = MR(\text{일정})$의 관계가 성립하게 되어 $PV = n\overline{R}T$로 쓸 수도 있다. 이 때 $\overline{R}$는 일반기체상수라 불리는 상수로서 임의의 기체의 분자량과 기체상수를 곱한 값이며 8.3143 kJ/kmol.K 의 값을 가진다. 일반적으로 특정기체의 기체상수는 일반기체상수를 그 기체의 분자량으로 나눈 값과 동일하다. 즉 $R = \frac{\overline{R}}{M}$이 된다.

1.8.2 이상기체의 내부에너지, 엔탈피, 비열

이상기체의 내부에너지는 온도만의 함수로 정의된다. 정적비열의 정의로부터 $C_v = (\frac{\partial u}{\partial T})_v$인데 내부에너지는 비체적의 함수가 아니므로 다음과 같은 관계식이 된다.

$$C_v = \frac{du}{dT} \quad \text{혹은} \quad du = C_v dT \tag{1.6}$$

엔탈피 $h = u + Pv = u + RT$로부터 내부에너지가 온도만의 함수이기에 엔탈피도 온도만의 함수가 된다. 정압비열의 정의로부터 $C_p = (\frac{\partial h}{\partial T})_p$인데 엔탈피가 온도만의 함수이므로 다음과 같은 식을 얻게 된다.

$$C_p = \frac{dh}{dT} \quad \text{혹은} \quad dh = C_p dT \tag{1.7}$$

엔탈피 관계식으로부터 미분형을 취하면 $dh = du + R\,dT$ 인데 이식에 식(1.6)과 (1.7)을 대입하고 정리하면 정압비열과 정적비열 간에 다음과 같은 관계식을 만들 수 있다.

$$C_p - C_v = R \tag{1.8}$$

비열의 비(ratio of specific heat) κ는 정압비열을 정적비열로 나눈 값 C_p/C_v로서 정의가 되는데 이를 식 (1.8)에 대입하고 정리하면 다음의 두 식을 얻는다.

$$C_v = \frac{1}{\kappa - 1}R \quad \text{및} \quad C_p = \frac{\kappa}{\kappa - 1}R \tag{1.9}$$

이 식들을 이용하면 비열의 비와 기체상수를 알 때 그 기체의 비열을 계산할 수 있는데 기체상수는 일반기체상수 $\overline{R}$ 을 분자량 M 으로 나눔으로써 구해지고 비열의 비 κ 는 그 기체의 분자구조가 단원자기체일 경우 5/3 (1.6666...), 2원자기체일 경우 1.4, 다원자기체일 경우 4/3(1.3333...)의 값을 가진다는 사실을 이용하면 된다.

예제 1.2 체적이 1 m^3인 용기 안에 분자량이 28인 이상기체 10 kg이 들어있다. 용기내의 온도가 20℃ 일 때 압력은 얼마인가?

풀이 기체상수 $R = \dfrac{\overline{R}}{M} = \dfrac{8.3145}{28} = 0.2969\ kJ/kgK$

따라서 주어진 질량, 온도, 체적과 함께 구해진 기체상수를 상태방정식에 대입하여 다음과 같이 압력을 구할 수 있다.

압력 $P = \dfrac{mRT}{V} = \dfrac{(10kg)(0.2969kN.m/kgK)(293.15K)}{1m^3} = 870.362\ kPa$

1.9 열역학 제1법칙(the 1st law of thermodynamics);

열역학 제1법칙은 에너지가 그 형태는 바뀔 수 있어도 생성 또는 소멸되지 않는다는 것을 말하며 에너지 보존법칙이라고도 한다. 이러한 에너지 보존법칙을 열역학계에 적용함에 있어서는 항상 계의 경계가 중요한 문제로 대두하게 된다. 밀폐계를 다룰 때에는 계내부의 질량이 변화가 없기 때문에 오직 에너지의 출입에 대한 보존법칙만을 세워주면 될 것이지만 개방계의 경우에는 출입하는 물질이 가지고 있는 에너지 및 유동에너지 등을 함께 고려해주어야 한다. 전자의 경우에는 검사질량에 대한 에너지 보존의 적용이고 후자의 경우에는 검사체적에 대한 에너지 보존의 적용에 해당한다. 물론 각각의 시스템에 대한 에너지식도 달라지기 마련일 것이다. 먼저 정지되어 있는 검사질량(밀폐계)에 대한 에너지 보존을 식으로 쓰면 다음과 같다.

$$\delta Q = dU + \delta W \tag{1.10}$$

이 식은 열역학계에 유입되는 열량은 일을 수행하고 내부에너지로 축적된다는 것을 나타내고 있으며 에너지가 보존된다는 사실을 적용한 것이다. 위의 미분식을 적분하면

$$Q_{12} = U_2 - U_1 + W_{12} \tag{1.11}$$

인데 W_{12} 는 절대일 또는 팽창일을 나타내며 하첨자 1은 계의 초기상태, 2는 최종상태를 나타낸다. W_{12} 는 $\int_1^2 PdV$ 이므로 위 식은 다음과 같이 표현될 수도 있다.

$$Q_{12} = U_2 - U_1 + \int_1^2 PdV \tag{1.12}$$

계가 운동에너지와 위치에너지까지 가지게 될 경우 이들을 모두 고려하고 단위질량의 작동유체에 대해서 에너지식을 쓰게 되면 다음과 같이 된다.

$$q + u_1 + \frac{V_1^2}{2} + gz_1 = w + u_2 + \frac{V_2^2}{2} + gz_2 \tag{1.13}$$

개방계에 대해서는 검사체적을 출입하는 에너지인 일과 열 이외에 출입하는 유체가 보유하는 에너지를 추가하여 방정식을 설정해주면 된다. 정상상태 유동에서 각각 1개의 입구와 출구를 가정할 때 검사체적으로 유체가 가지고 들어오고 나가는 에너지는 질량유량 $\dot{m}$에 입구와 출구에서의 유체의 내부에너지, 운동에너지 및 위치에너지를 각각 곱한 것의 합으로 나타나고 여기에 유체의 유동에너지 $\dot{m}Pv$를 추가로 고려해주면 된다. 이들을 모두 단위 질량의 작동유체에 대해 정리하면 다음과 같다. 여기서 하첨자 i는 inlet(입구), e는 exit(출구)을 나타낸다.

$$q + u_i + P_i v_i + \frac{V_i^2}{2} + gz_i = w + u_e + P_e v_e + \frac{V_e^2}{2} + gz_e \tag{1.14}$$

또는 정의에 의해 $u + Pv = h$(엔탈피) 이므로

$$q + h_i + \frac{V_i^2}{2} + gz_i = w + h_e + \frac{V_e^2}{2} + gz_e \tag{1.15}$$

위 식은 정상상태 유동이고 각각 하나의 입구(inlet)와 출구(exit)를 가지는 검사체적을 통과하여 유동하는 작동유체에 대한 열역학 제1법칙의 에너지식이다. 총엔탈피(total enthalpy) h_{tot} 를 이용하여 위 식을 다시 쓰면 다음과 같다.

$$q + h_{tot,i} = w + h_{tot,e} \tag{1.16}$$

여기서 총엔탈피는 다음과 같이 정의된다.

$$h_{tot} = h + \frac{V^2}{2} + gz \tag{1.17}$$

이상과 같이 밀폐계의 해석에는 검사질량을, 개방계의 해석에는 검사체적을 기준으로 하여 에너지식을 적용함으로써 과정 전과 후의 변화된 상태량은 물론이고 이에 따라 발생하는 일과 전달되는 열을 계산할 수 있게 된다.

동력을 생산하는 열기관의 대다수는 작동유체가 유동하는 개방계인데 열교환기, 터어빈, 펌프, 압축기 등의 장치를 사용하여 사이클을 완성하고 있다. 이들 장치들은 각각 하나의 과정을 수행하게 되는데 이러한 과정에 에너지 식을 적용하면 원하는 상태량 혹은 일과 열 등의 크기를 구할 수 있다. 예를 들어 증발기나 응축기 같은 열교환기에서는 과정 중에 수행하는 일이 없고 입구와 출구에서의 운동에너지와 위치에너지의 차이가 무시할 만 하므로 식 (1.15)는 다음과 같은 식으로 간략화 된다. 즉 전달열량은 입출구간의 작동유체의 엔탈피차이다.

$$q = h_e - h_i \tag{1.18}$$

터어빈과 펌프 및 압축기 등의 경우 열손실을 무시할 경우 단열과정으로 간주할 수 있는데 입출구간의 위치에너지 의 차를 무시한다면 다음의 식으로 간략화 된다.

$$h_i + \frac{V_i^2}{2} = w + h_e + \frac{V_e^2}{2} \tag{1.19}$$

대부분의 경우에서 입출구간의 속도차도 무시할 수 있는데 이 경우 위 식은 다음과 같이 된다.

$$w = h_i - h_e \tag{1.20}$$

이 식에 의하면 터어빈에서와 같이 유입되는 엔탈피가 유출되는 엔탈피보다 클 경우에는 w값이 (+)가 되어 일을 생산하게 되지만 펌프나 압축기에서와 같이 유출되는 엔탈피가 더 클 경우 w값이 (-)가 되어 외부로부터 일을 필요로 하게 되는 것이다.

노즐(nozzle)은 엔탈피를 이용해서 유체에 높은 속도를 만들어내는 장치이고 디퓨저(diffuser)는 이와는 반대로 운동에너지를 이용해서 높은 압력 즉 엔탈피를 만들어내는 장치이다. 이 두 가지 장치에서 수행 일은 없으므로 열전달과 입출구간의 위치에너지차를 무시할 경우 에너지식은 다음과 같다.

$$h_i + \frac{V_i^2}{2} = h_e + \frac{V_e^2}{2} \tag{1.21}$$

노즐의 경우 간혹 입구속도 V_i 가 무시되는데 이 경우 노즐 출구속도는 다음과 같다.

$$V_e = \sqrt{2(h_i - h_e)} \tag{1.22}$$

에너지식에는 열에너지와 역학적 에너지가 혼합되어 있다. 식에서는 별 문제가 없지만 실제 문제를 해결하고자 할 때에는 단위에 각별히 유념하여야 하다. 열에너지는 kJ을 주로 사용하지만 역학적 에너지는 J(Joule)의 단위로 나오기 때문이다. 따라서 단위를 통일해줄 필요가 있는데 열에너지를 역학적 에너지로 바꿀 때에 1000을 곱해줘야 하는 경우가 많다는 것을 명심해야한다.

교축(throttle) 과정은 작동유체의 엔탈피 손실 없이 압력만을 낮춰주는 기능을 가지고 있으며 냉매의 압력을 낮추어 비등점을 낮춰줌으로써 저온에서 냉매의 증발에 따르는 흡열이 가능하도록 해주기 때문에 냉동기에서 매우 중요한 역할을 해주는 과정이다. 이 과정은 작동유체의 유로단면을 급격히 좁혔다가 다시 원상으로 넓혀주는 과정인데 좁아진 유로단면에서 빨라진 유동이 마찰에 의해 역학에너지를 잃고 유로단면이 회복되었을 때 속도는 연속의 법칙에 의해 회복되나 압력은 회복되지 못하는 과정이다. 이 때 과정 중에 일의 수행은 없고 유로는 단열되었다고 가정할 때 입 출구 간의 운동에너지 차와 위치에너지 차는 무시할 수 있으므로 다음과 같은 식으로 간략화 될 수 있다.

$$h_i = h_e \tag{1.23}$$

이와 같이 교축과정은 등엔탈피 과정으로 볼 수 있다.

예제 1.3 작은 액체용 펌프가 저장조 하부 20 m에 위치하여 10℃, 100 kPa의 물을 2 kg/s의 질량유량으로 송출시킨다. 직경 0.05 m의 배관출구는 계기압력이 300 kPa를 유지하는 저장조에 연결되어 있다. 관은 단열되어 있고 입출구의 속도가 같으며 물의 온도가 10℃를 유지한다고 가정할 때 펌프에 필요한 일을 구하라.

풀이 배관이 하나이므로 연속의 식에 의해 $\dot{m} = \dot{m}_i = \dot{m}_e$
개방계의 에너지식

$$\dot{m}(q + h_i + \frac{V_i^2}{2} + gz_i) = \dot{m}(w + h_e + \frac{V_e^2}{2} + gz_e)$$

단열이므로 q는 0이고 입출구 속도가 같으므로 양변의 운동에너지 항은 소거되며 유체가 등온일 때 입출구간의 엔탈피의 차는 (압력 × 비체적)의 차가 된다는 것을 이용하면 다음과 같이 된다.

$$\begin{aligned} \dot{W} &= \dot{m}(h_i + gz_i - h_e - gz_e) = \dot{m}(g(z_i - z_e) + (P_i - P_e)v) \\ &= 2\frac{kg}{s} \times \left[9.807\frac{m}{s^2} \times \frac{-20-0}{1000}m - (300 + 101.3 - 100)kPa \times 0.001001\frac{m^3}{kg}\right] \\ &= 2 \times (-0.196 - 0.302) = -0.996\,kW \end{aligned}$$

여기서 마이너스 부호는 펌프에 소요되는 동력을 말하며 그 값은 996와트(W) 이다

1.10 이상기체의 상태변화

이상기체의 상태변화는 정적변화, 정압변화, 등온변화, 단열변화 등이 있는데 이들 각각의 변화에 대해 전달열량과 수행일량을 구하는 것이 중요하다. 우선 정적변화의 경우 수행된 일량 W_{12}는 체적의 변화가 없으므로 0이 된다. 전달열량 Q_{12}는

제1법칙으로부터 $\Delta U + \int_1^2 PdV$이므로 내부에너지의 변화량 $U_2 - U_1$ 와 동일하게 됨을 알 수 있다. 유사한 방법으로 정압변화의 경우 일량 W_{12}는 $P(V_2 - V_1)$이 되고 전달열량 Q_{12}는 $\Delta H - \int_1^2 VdP$ 로부터 엔탈피의 변화량 $H_2 - H_1$ 이 됨을 알 수 있다.

등온변화의 경우 다소 복잡하다. 수행 일량 W_{12}는

$$W_{12} = \int_1^2 PdV = P_1 V_1 \int_1^2 \frac{dV}{V} = P_1 V_1 \ln\frac{V_2}{V_1} = mRT_1 \ln\frac{P_1}{P_2} \qquad (1.24)$$

이 되고 전달열량은

$$Q_{12} = \int_1^2 \delta Q = \int_1^2 (mC_v dT + PdV) = \int_1^2 PdV = W_{12}$$

혹은

$$Q_{12} = \int_1^2 \delta Q = \int_1^2 (mC_p dT - VdP) = -\int_1^2 VdP = W_t \qquad (1.25)$$

가 되는데 W_{12}는 절대일, W_t 는 공업일을 나타내며 위식은 전달열량이 절대일 또는 공업일과 크기가 동일함을 보여준다.

단열변화의 경우 $\delta Q = 0$ 이므로 제 1법칙은 $0 = mC_v dT + PdV$가 되고 이상기체의 상태식 $PV = mRT$의 양변을 미분하고 연립하여 정돈하면 $\kappa\frac{dV}{V} + \frac{dP}{P} = 0$을 얻을 수 있다. 이 식을 적분하면 $\kappa \ln V + \ln P = const$가 되고 최종적으로 다음의 식이 나오게 된다.

$$PV^{\kappa} = C(\text{일정}) \qquad (1.26)$$

이 식에 상태식을 연립하면 다음의 두 식을 구할 수 있다.

$$TV^{\kappa-1} = C, \tag{1.27}$$

$$T^{\kappa}P^{1-\kappa} = C \tag{1.28}$$

단열과정에서 전열량은 당연히 0이고 수행 일량 W_{12}를 구하는 과정은 다음과 같다.

$$W_{12} = \int_1^2 PdV = C\int_1^2 \frac{dV}{V^{\kappa}} = \frac{C}{1-\kappa}(V_2^{1-\kappa} - V_1^{1-\kappa}) = \frac{P_2V_2 - P_1V_1}{1-\kappa}$$

$$= \frac{mR}{\kappa-1}(T_1 - T_2) = mC_v(T_1 - T_2) = m(u_1 - u_2) = U_1 - U_2 \tag{1.29}$$

이는 단열과정에서의 일량이 계의 내부에너지의 감소량과 같음을 말하고 있다.

예제 1.4 피스톤이 장착된 실린더의 초기체적이 $0.1\ m^3$이며 $150\ kPa$, 25^oC의 질소를 포함하고 있다. 피스톤이 움직여서 압력 1 MPa, 온도 150℃가 될 때까지 압축을 하였다. 이 압축과정이 진행되는 동안 질소로부터 열이 방출되었으며 질소에 가한 일은 20 kJ이다. 이 때의 열전달량은 얼마인가?

풀이 질소의 분자량은 28이므로 기체상수

$$R = \frac{\overline{R}}{M} = \frac{8.3145kJ/kmol\ K}{28kg/kmol} = 0.2969\ \ kJ/kg\ K$$

질소의 질량은 상태방정식으로부터

$$m = \frac{PV}{RT} = \frac{150kPa \times 0.1m^3}{0.2969kJ/kg\,K \times 298.15\,K} = 0.1695\ \ kg$$

또한 질소의 비열

$$C_v = \frac{1}{\kappa - 1} R = \frac{1}{1.4 - 1} \times 0.2969 = 0.742 \ kJ/kg\,K$$

제1법칙 식으로부터

$$\begin{aligned} {}_1Q_2 &= mC_v(T_2 - T_1) + {}_1W_2 \\ &= 0.1695 \ kg \times 0.742 \ kJ/kg\,K \times (150 - 25)K - 20.0 \ kJ \\ &= 15.7 - 20 = -4.3 \ kJ \end{aligned}$$

마이너스 부호이므로 시스템으로부터 4.3 kJ의 열이 방출되었다.

연습문제

1. 건도 25% 갖는 200 kPa의 물을 체적이 일정한 과정으로 온도를 20℃ 올릴 때 새로운 건도와 압력은 얼마인가?

2. 온도 60℃의 포화 수증기를 동온 과정으로 감압하여 체적을 10% 증가시키려 한다. 얼마의 압력까지 팽창시켜야 하는가?

3. 지금 10 m인 구형의 헬륨 풍선이 온도와 압력이 각각 15℃와 100 kPa이다. 얼마나 많은 헬륨이 들어 있는가? 그것은 치환된 공기의 질량과 같은 총질량을 들어올릴 수 있다. 풍선의 천과 승강대의 질량을 얼마까지 들어올릴 수 있는가?

4. 내연기관 안의 공기는 0.1 m^3 체적에 227℃, 1000 kPa 이다. 이제 연소에 의해 일정한 체적 과정으로 1500 K로 가열된다. 공기의 질량은 얼마이여 압력은 얼마나 높은가?

5. 면적이 0.01 m^2인 유압 실린더가 1000 kg의 팔과 삽을 0.5 m 만큼 위로 들어올린다. 압력은 얼마나 되고 일은 얼마인가?

6. 정압 피스톤 실린더 장치 내에 400 kPa의 포화 수증기 0.2 kg이 있다. 수증기가 냉각되어 원래 체적의 반으로 줄어들었다. 이 과정에서의 일을 구하라.

7. 피스톤 실린더 장치 내에 200 kPa, 150℃의 물이 있다. 압력과 체적이 선형적으로 비례하는 과정을 거쳐 600 kPa, 350℃까지 가열된다. 최종 체적과 이 과정에서의 일을 구하라.

8. 피스톤 실린더 장치에 500 kPa, 500 K 상태의 공기 0.5 kg이 있다. 압력이 체적 증가에 반비례하여 감소하는 과정을 통해 공기가 최종적으로 100 kPa, 300 K에 이를 때까지 팽창시킨다. 이 과정의 일을 구하라.

9. 견고한 탱크에 300℃, 1200 kPa의 물이 0.75 kg 들어있다. 물이 냉각되어 최종 압력이 300 kPa 이 되었다. 최종온도와 이 과정동안 일과 열전달량을 구하라.

10. 체적이 0.1L로 일정한 시험용 실린더가 임계점의 물을 포함하고 있다. 실린더를 냉각하여 20℃의 실온까지 감소했을 때 물로부터의 열전달량을 계산하라.

11. 압력 200 kPa, 25% 건도의 물 2 kg이 정압과정 하에 20℃가 상승되었다. 이 과정에서 열전달량과 일은 얼마인가?

12. 체적 1 L의 캡슐(capsule)에 700 kPa, 150℃의 물이 들어있다. 이 캡슐은 외부가 단열되고 내부가 진공으로 된 큰 용기 안에 놓여져 있다. 캡슐이 파열되어 물이 전체 용기를 가득 채울 때 용기내부 압력이 125 kPa를 초과하지 않는다면 용기의 체적은 얼마가 되어야 하는가?

13. 체적이 0.01 m^3인 피스톤/실린더 내부에 600 kPa, 290 K 의 공기가 채워져 있다. 등압과정으로 18 KJ의 일을 외부로 할 때 공기의 최종온도와 열전달량을 구하라.

14. 피스톤/실린더 내부에 300 K, 150 kPa 의 공기 1.5 kg이 채워져 있다. 공기는 2단계 과정으로 가열된다. 1단계에서는 정적과정으로 1000 K 까지 가열되며(상태2) 2단계에서는 정압과정으로 1500 K 까지 가열된다(상태3). 전체과정이 진행되는 동안 열전달량을 구하라.

15. 180℃, 2000 kPa 인 액체의 물을 500 kPa를 유지하고 있는 플래시(flash)증발용기에 요축과정으로 들어간다. 운동에너지변화를 무시하면 용기내부에 액체와 기체가 차지하는 비율은 얼마인가?

16. 증기터빈의 입구로 1000 kPa, 350℃의 수증기가 15 m/s의 속도로 들어간다. 이때 입구의 질량유량률은 2 kg/s이다. 출구의 상태는 100 kPa, 150℃이며 속도는 매우 작다. 단위질량당 일(비일)과 출력을 구하라.

17. 대형가스터빈의 압축기는 대기 중에서 아주 작은 속도로 95 kPa, 20℃의 공기를 흡입하여 속도 90 m/s, 1.52 Mpa, 430℃로 배출한다. 압축기에 들어간 동력은 500 kW이다. 압축기를 지나는 질량유동률을 구하라.

18. 가정용 혹은 자동차용 공기조화기에서 30℃의 공기를 10℃까지 냉각한다. 입출구에서의 압력은 101 kPa 로 동일하다. 질량유량률이 0.5 kg/s일 때 열전달률을 구하라.

19. $\beta' = 2.2$인 열펌프로 주택을 난방하여 항상 20℃를 유지하려 한다. 주위 온도가 20℃ 이하일 경우, 실내외 온도차 1℃에 대해 0.8 kW의 열손실이 발생한다. 외부 온도가 -10℃라 할 때 열펌프를 구동하기 위해 필요한 동력을 구하라.

20. 냉장고가 음식으로부터 500 kJ의 열을 제거해야 한다. 이 냉장고가 -10℃와 45℃ 사이에서 동작하고, 500 W의 전동압축기를 사용하는 Carnot 사이클로 동작한다고 가정하자. 다른 냉동부하가 없다면, 시간이 얼마 걸리겠는가?

2장
열역학 제2법칙
(The 2nd Law of Thermodynamics)

열역학 제1법칙은 에너지의 보존에 관해 말하고 있다. 즉, 에너지의 형태는 바뀔 수 있으나 새로이 생성되거나 파괴되지 않는다는 것이다. 이러한 제1법칙에 의해 일과 열은 원칙적으로 상호변환이 가능하지만 변환의 방향은 정해지지 않는다. 이러한 방향성에 관해 언급하고 있는 법칙이 열역학 제2법칙인 것이다. 자연법칙에서 열은 고온에서 저온으로만 흐르게 되어 있으며 열이 일로 변환될 때에는 반드시 열의 흐름이 존재해야 한다. Kelvin-Planck는 이에 대해 다음과 같이 언급하고 있다.

"하나의 열원으로부터 열을 공급받아 물체를 위로 들어 올리는 것 이외에 아무런 효과도 만들지 않으면서 사이클 내에서 작동하는 장치를 만드는 것은 불가능하다."

이 말은 사이클에서 작동하면서 고온부로부터 열을 받아 같은 양의 일을 수행하는 열기관을 만드는 것은 불가능하다는 말이다. 즉 하나의 열원으로는 일을 만들어내지 못하고 낮은 온도를 가진 또 다른 열원이 존재해야만 비로소 두 열원 간에 열흐름이 생기고 일을 수행해낼 수가 있다는 것이다. 하나의 열원에 있는 열에너지가 열의 흐름 없이 모두 일로 바뀔 수가 있으면 제1법칙에 의해 100%의 효율을 달성하게 되는 셈인데 이는 불가능하다는 말이다. 따라서 낮은 온도를 지닌 열원에 열을 흘려보낼 수 있을 때에만 일을 수행할 수 있게 되는데 이 때 수행되는 일은 공급받는 열에너지의 일부일 뿐이고 나머지는 낮은 열원(아마도 강이나 바다 혹은 대기 중으로)으로 버려지게 된다. 이상은 동력계(power system)에 대해서 적용되는 말이다.

냉동계(refrigeration system)에 대해서도 유사한 표현이 있는데 Clausius는 다음과 같이 말하고 있다.

"사이클로 작동하면서 저온물체로부터 고온물체로 열을 전달하는 것 이외에 아무런 효과도 만들어내지 않는 장치를 만드는 것은 불가능하다."

다시 말하자면 자연계에 변화를 주게 되는 일을 사용해야만 비로소 저온의 열을 고온으로 이동 시킬 수 있다는 것이다.

열기관(heat engine)은 작동유체를 사용하여 열역학적 사이클을 수행하고 고온부로부터 열을 공급받아 저온부로 열을 전달하면서 순일을 생산해내는 장치인 반면 열펌프(heat pump) 또는 냉동기(refrigerator)는 사이클을 수행하면서 일을 소비하여 저온부의 열을 고온부로 이동시키는 장치를 말한다. 여기서 열기관에 대한 열효율의 개념을 도입하기로 하자. 일반적으로 효율은 출력과 입력의 비로써 나타낼 수 있는데 열효율의 경우는 생산되는 일량과 소요되는 열량의 비로 나타난다. 즉 이를 식으로 표현하면 다음과 같이 된다.

$$\eta_{th} = \frac{W}{Q_H} = \frac{Q_H - Q_L}{Q_H} = 1 - \frac{Q_L}{Q_H} \tag{2.1}$$

2.1 가역과정과 비가역과정

열기관이 달성할 수 있는 최대의 열효율은 마찰 등에 의한 에너지 손실 과정이 없는 이상적인 과정에 의해 달성될 것이다. 이러한 이상적인 과정을 가역과정이라 부르는데 어느 계에 대하여 발생한 과정을 되돌릴 수 있으며 이때 계나 주위에 아무런 변화를 남기지 않는 과정을 말한다. 그러나 자연계의 모든 과정은 아무리 작더라도 계나 주위에 변화를 남기지 않을 수 없으며 따라서 이러한 과정을 비가역과정이라 말한다. 이러한 비가역과정을 만드는 대표적인 과정들로서는 **마찰, 제어되지 않은 팽창, 유한한 온도차에 의한 열전달, 서로 다른 기체의 혼합** 등을 들 수 있다.

2.2 Carnot 사이클

모든 과정이 가역과정으로 이루어진 가역사이클로서 실제로 존재하지는 않지만 사이클이 이론적으로 달성 가능한 최대효율을 낼 수 있게 해주는 역할을 하는 중요한 사이클이다. 이 사이클은 열을 공급받아 팽창하는 등온팽창과정, 단열상태로 계속하여 팽창하는 단열팽창과정, 열을 방출하고 압축되는 등온압축과정, 단열상태로 계속하여 압축되어 사이클의 초기상태로 돌아오는 단열압축과정 등으로 구성된다. 모든 과정이 가역과정이고 이론열효율은 다음과 같이 고온부(T_H)와 저온부(T_L)의 절대온도만으로 표시된다.

$$\eta_{th} = 1 - \frac{Q_L}{Q_H} = 1 - \frac{T_L}{T_H} \tag{2.2}$$

2.3 열역학적 온도

Carnot 사이클의 열효율은 오직 양 열원의 온도에 의해 결정되는데 이 온도는 다음의 식과 같이 고온부에서 공급하는 열량 Q_H와 저온부로 방출하는 열량 Q_L의 비에 의존한다. 즉,

$$\frac{T_L}{T_H} = \frac{Q_L}{Q_H} \tag{2.3}$$

이 때 전달되는 열량 Q_H와 Q_L은 사이클에서 사용하는 작동유체와는 무관하게 최고의 효율을 가지는 Carnot 사이클에 의해 정해지는 값이므로 T_H와 T_L은 작동유체와 무관하게 결정되는, 다시 말해서 온도계의 종류와 무관하게 결정되는 절대성을 가진 온도가 되는데 이를 열역학적 온도(thermodynamic temperature)라 말한다.

예제 2.1 어느 열기관이 550℃의 고온에서 1 MW의 비율로 열을 받아 300 K의 주위로 열을 방출한다. 일은 450 kW의 비율로 생산된다고 할 때 주위로 배출되는 에너지와 열효율을 구하고 같은 두 열저장조 사이에서 작동하는 카르노사이클의 효율과 비교하라.

풀이 열기관을 검사체적으로 놓을 때 $\dot{Q}_L = \dot{Q}_H - \dot{W} = 1000 - 450 = 550\ kW$

열효율의 정의로부터 $\eta_{th} = \dfrac{\dot{W}}{\dot{Q}_H} = \dfrac{450}{1000} = 0.45$

카르노사이클의 효율은 $\eta_c = 1 - \frac{T_L}{T_H} = 1 - \frac{300}{550+273} = 0.635$

카르노사이클의 일률과 열방출률은 각각 다음과 같다.

$$\dot{W} = \eta_c \dot{Q}_H = 0.635 \times 1000 = 635 \ kW$$

$$\dot{Q}_L = \dot{Q}_H - \dot{W} = 1000 - 635 = 365 \ kW$$

2.4 Clausius 부등식

각각 T_H와 T_L의 온도를 가진 두 열원 사이에서 작동하는 가역열기관 사이클에 대해

$$\oint \frac{\delta Q}{T} = \frac{Q_H}{T_H} - \frac{Q_L}{T_L} \tag{2.4}$$

열역학적 온도의 개념을 도입하여 식(2.3)을 대입하면 위의 적분(Clausius integral) 값은 0이 된다. 물론 이 값은 Carnot 사이클과 같은 가역열기관 사이클의 경우에만 성립한다. 비가역 열기관 사이클의 경우 버려지는 열량 Q_L이 가역열기관의 경우보다 크므로 위의 적분 값은 음의 값이 된다. 따라서 가역 및 비가역 사이클에 대해서는 다음의 식이 성립되는데 이를 Clausius 부등식이라 한다.

$$\oint \frac{\delta Q}{T} \leq 0 \tag{2.5}$$

위의 식은 열기관에 유입 또는 유출되는 열량을 표면온도로 나눈 값의 총합은 가역사이클일 때 0이나 비가역사이클일 때는 0보다 작은 값임을 보여준다.

2.5 엔트로피의 정의

Clausius 부등식을 가역사이클에 대해서 쓰게 되면 다음과 같다.

$$\oint \frac{\delta Q}{T} = 0 \tag{2.6}$$

어느 검사질량의 두 상태점 1과 2를 연결하는 가역사이클을 생각해보자. 하나의 사이클은 경로 A를 통해 상태2가 된 후 경로 B를 통해 다시 상태 1이 되어 가역사이클을 완성하며 또 다른 사이클은 경로 C를 통해 상태 2가 된 후 경로 B를 통해 상태 1로 되돌아오는 가역사이클이다. 이렇게 경로가 다른 두 가지 가역사이클에 식 (2.6)을 각각 적용하면 다음과 같은 식을 얻는다.

$$\oint \frac{\delta Q}{T} = 0 = \int_1^2 (\frac{\delta Q}{T})_A + \int_2^1 (\frac{\delta Q}{T})_B \quad \text{및}$$
$$\oint \frac{\delta Q}{T} = 0 = \int_1^2 (\frac{\delta Q}{T})_C + \int_2^1 (\frac{\delta Q}{T})_B$$

첫 번째 식에서 두 번째 식을 빼면 $\int_1^2 (\frac{\delta Q}{T})_A = \int_1^2 (\frac{\delta Q}{T})_C$ 이 되어 $\frac{\delta Q}{T}$의 적분 값이 사이클 내 임의 경로인 A와 C에 대해 동일하므로 이 양은 경로와 무관하며 오직 양단의 상태에 의해 결정되는 상태량의 성질을 가진다는 것을 알 수 있다. 이 상태량을 엔트로피(entrophy) S라 부르며 S는 다음과 같이 정의된다.

$$dS \equiv (\frac{\delta Q}{T})_{rev} \tag{2.7}$$

엔트로피의 변화량은 위 식을 적분함으로써 구해지며 다음과 같이 표시된다.

$$S_2 - S_1 = \int_1^2 (\frac{\delta Q}{T})_{rev} \tag{2.8}$$

가역사이클의 경우 $\delta Q = TdS$ 의 식이 성립한다.

2.6 열역학적 상태량의 관계식

운동과 중력을 받지 않는 단순압축성물질에 대한 제1법칙 식은

$$\delta Q = dU + \delta W \tag{2.9}$$

가역과정에 대한 엔트로피의 정의로부터 $\delta Q = TdS$ 이고 단순압축성물질의 팽창일 $\delta W = PdV$ 이므로 식 (2.8)은 다음과 같이 쓸 수 있다.

$$TdS = dU + PdV \tag{2.10}$$

엔탈피의 정의 $H = U + PV$를 미분형으로 표현하면 $dH = dU + PdV + VdP$ 이므로 이를 위 식에 대입하여 엔탈피로 표현하면 다음의 식을 얻게된다.

$$TdS = dH - VdP \tag{2.11}$$

위의 두 식은 오직 상태량인 온도, 압력, 체적, 내부에너지, 엔탈피 및 엔트로피만으로 이루어진 열역학적 상태량만의 관계식으로서 깁스방정식(Gibbs equation)이라 불린다.

2.7 엔트로피의 변화량

2.7.1 고체 및 액체

고체 및 액체는 거의 비압축성으로 볼 수 있으므로 팽창일을 무시한다면 $\delta q = du + pdv$로부터 $\delta q \simeq du \simeq CdT$ 가 된다. 따라서 다음의 식을 얻게 된다.

$$ds \simeq \frac{du}{T} \simeq \frac{CdT}{T} \tag{2.12}$$

두 상태점 1,2 간에 적분하는 식은 다음과 같다.

$$s_2 - s_1 \simeq C \ln \frac{T_2}{T_1}$$

2.7.2 이상기체

앞 절에서 유도한 두 개의 깁스 방정식을 이용하면 각각 다음의 식들이 유도된다. 첫 번째 식인 식(2.10)의 양변을 T로 나누어 정리하면 다음과 같다.

$$ds = C_v \frac{dT}{T} + R \frac{dv}{v} \tag{2.13}$$

상태점 1, 2 간에 적분하면

$$s_2 - s_1 = \int_1^2 C_v \frac{dT}{T} + R \ln \frac{v_2}{v_1} \tag{2.14}$$

식(2.11)의 양변을 T로 나누어 정리하면 다음과 같다.

$$ds = C_p \frac{dT}{T} - R \frac{dP}{P} \tag{2.15}$$

상태점 1, 2 간에 적분하면

$$s_2 - s_1 = \int_1^2 C_p \frac{dT}{T} - R \ln \frac{P_2}{P_1} \tag{2.16}$$

식(2.14)와 (2.16)은 각각 두 상태점의 온도와 체적 및 온도와 압력이 주어질 때 상태점간의 엔트로피의 변화량을 계산하는 식이다. 체적과 압력이 주어질 때의 계산식은 상태방정식의 미분형인 $Pdv + vdP = RdT$의 양변을 Pv 로 나누어 식

(2.13) 혹은 식 (2.15)와 연립하여 온도 T를 소거함으로써 얻어진다. 이 식을 상태점 간에 적분한 결과는 다음과 같다.

$$s_2 - s_1 = \int_1^2 C_p \frac{dv}{v} + \int_1^2 C_v \frac{dP}{P} \tag{2.17}$$

이상기체의 상태량의 변화는 이와 같이 온도, 압력, 비체적 이 세 가지 상태량 중에 두 개만을 알면 위의 세 가지 식 (2.14), (2.16) 및 (2.17)을 이용하여 쉽게 계산이 가능하다. 정적비열 및 정압비열을 상수로 간주하게 되면 위의 식들은 다음과 같이 간략화 된다.

$$s_2 - s_1 = C_v \ln\frac{T_2}{T_1} + R\ln\frac{v_2}{v_1} \tag{2.14a}$$

$$s_2 - s_1 = C_p \ln\frac{T_2}{T_1} - R\ln\frac{P_2}{P_1} \tag{2.16a}$$

$$s_2 - s_1 = C_p \ln\frac{v_2}{v_1} + C_v\ln\frac{P_2}{P_1} \tag{2.17a}$$

2.8 비가역과정 중인 검사질량의 엔트로피 변화

어느 검사질량의 사이클 변화과정에서 두 개의 가역과정 A, B로 이루어진 가역사이클과 비가역과정 C와 가역과정 B로 이루어진 비가역사이클에 대해 각각 Clausius 부등식을 적용해보자.

$$\oint \frac{\delta Q}{T} = \int_1^2 (\frac{\delta Q}{T})_A + \int_2^1 (\frac{\delta Q}{T})_B = 0 \tag{2.18}$$

$$\oint \frac{\delta Q}{T} = \int_1^2 (\frac{\delta Q}{T})_C + \int_2^1 (\frac{\delta Q}{T})_B < 0 \tag{2.19}$$

식(2.18)에서 (2.19)를 빼고 정리하면

$$\int_1^2 (\frac{\delta Q}{T})_A > \int_1^2 (\frac{\delta Q}{T})_C \tag{2.20}$$

인데 $\int_1^2 (\frac{\delta Q}{T})_A$ 는 가역과정을 따르므로 두 상태점간의 엔트로피 S의 변화량과 동일하며 이 엔트로피 변화량은 경로와 무관하므로 다음과 같이 쓸 수 있다.

$$\int_1^2 (\frac{\delta Q}{T})_A = \int_1^2 dS_A = \int_1^2 dS_C \tag{2.21}$$

식(2.20)과 (2.21)로부터 다음의 식을 얻는다.

$$\int_1^2 dS_C > \int_1^2 (\frac{\delta Q}{T})_C \tag{2.22}$$

경로 C는 임의의 경로이므로 위 식으로부터 모든 가역 및 비가역과정에 대해 $dS \geq \frac{\delta Q}{T}$가 성립되며 적분을 통해 다음의 식을 얻게 된다.

$$S_2 - S_1 \geq \int_1^2 \frac{\delta Q}{T} \tag{2.23}$$

이와 같이 비가역과정이 개재되는 모든 사이클은 비가역 사이클이고 비가역 사이클을 통한 엔트로피 변화량은 항상 가역사이클을 통한 엔트로피 변화량보다 크게 된다.

위 식에서 알 수 있듯이 계가 열을 공급받게 되면 엔트로피가 증가하고 열을 방출하게 되면 엔트로피가 감소한다. 하지만 외부와 열전달이 없는 과정의 경우를 볼 때 $\delta Q = 0$이 되어 우변은 0이 되는데 가역단열과정이면 등호가 성립되어 변화량이 0이지만 비가역 단열과정이면 0보다 크게 된다. 즉 열의 공급이 없는 단열과정에서도 그 과정이 비가역적이라면 계의 엔트로피가 증가하게 되는 것이다. 자연계 전체를 고립계라 놓고 본다면 내부에 있는 수많은 열역학적 계들 사이에 주고받는 열량의 총화는 0이므로 이들에 의한 엔트로피의 증가를 무시한다 하더라도(실제로는 열전달이라는 비가역과정의 존재로 인해 엔트로피는 증가) 다른 비가역과정들에 의해 자연계의 엔트로피는 증가할 수밖에 없다는 결론이 나온다. 이를 엔트로피 증가의 법칙이라 부른다.

2.9 검사체적에 대한 열역학 제2법칙의 적용

검사질량에 대한 엔트로피의 변화는 다음의 식과 같이 계에 출입하는 열량과 비가역변화에 의해 생성되는 엔트로피에 달려있음을 알 수 있다.

$$\frac{d\dot{S}_{c.m.}}{dt} = \Sigma \frac{\dot{Q}}{T} + \dot{S}_g \tag{2.24}$$

위 식은 검사질량에 대한 엔트로피 변화율을 표시하며, $\dot{S}_g$는 엔트로피 생성율을 나타낸다.

검사체적에는 물질이 출입하므로 물질이 가지는 엔트로피도 함께 출입하게 된다. 따라서 검사체적에 대해서는 다음과 같이 물질에 의한 엔트로피 출입을 추가해주어야 한다.

$$\frac{d\dot{S}_{c.v.}}{dt} = \Sigma \dot{m}_i s_i - \Sigma \dot{m}_e s_e + \Sigma \frac{\dot{Q}}{T} + \dot{S}_g \tag{2.25}$$

여기서 $\dot{S}_g \geq 0$ 이므로

$$\frac{d\dot{S}_{c.v.}}{dt} \geq \Sigma \dot{m}_i s_i - \Sigma \dot{m}_e s_e + \Sigma \frac{\dot{Q}}{T} \tag{2.26}$$

정상상태과정을 고려하게 되면 식(2.24)은 좌변이 0이 되므로 다음과 같은 식이 된다.

$$\Sigma \dot{m}_i s_i - \Sigma \dot{m}_e s_e = \Sigma \frac{\dot{Q}}{T} + \dot{S}_g \tag{2.27}$$

이 때 작동유체의 유입면과 유출면이 각각 1개씩이면 $\dot{m}_i = \dot{m}_e = \dot{m}$ 이고

$$\dot{m}(s_e - s_i) = \Sigma \frac{\dot{Q}}{T} + \dot{S}_g$$

단열과정의 경우 $\dot{Q}=0$ 이므로 $s_e - s_i \geq 0$ 이 되고 가역단열과정일 경우에는 $s_e - s_i = 0$가 된다. 실제 열기관 사이클의 해석에서는 편의상 압축기, 터어빈, 펌프 등의 장치에서 작동유체가 가역단열과정을 이행한다고 가정하고 이 때 과정 전과 후의 엔트로피를 동일하게 설정함으로써 과정해석을 쉽게 할 수가 있다.

연습문제

1. 정압을 유지하는 어느 피스톤 실린더 속에 100℃의 포화액 0.1 kg이 들어 있다. 이제 이 포화액이 가역과정으로 비등하여 포화증기가 된다. 에너지 방정식을 사용하여 일과 전달열을 구하라. 엔트로피 방정식을 사용하여 전달열을 구하라. 둘이 서로 동일한가?

2. 200℃의 모래 25 kg이 든 주물형(foundry form) 상자가 15℃의 물 50 L가 담겨진 통에 넣어진다. 주위와 아무런 열전달이 없고 비등에 의한 손실이 없다고 가정하고 이 과정에 대한 정미 엔트로피 변화를 구하라.

3. 자동차 정비소의 오일 팬에 20℃, 100 kPa의 엔진오일 5 L가 담겨 있다. 여기에 100℃의 뜨거운 오일 2리터가 섞인다. 일을 무시하고 최종 온도와 엔트로피 변화를 계산하라.

4. 1.5 MPa, 1000 K인 실린더 속에 담긴 1 kg의 공기가 가역등온과정을 통하여 체적이 10배로 팽창한다. 과정 중의 전달열 및 공기의 엔트로피 변화를 구하라.

5. 증기가 3 MPa와 450℃로 터빈에 유입되어 가역단열과정으로 팽창한 뒤 10 kPa 로 배출된다. 터빈 입출구 간의 운동에너지 및 위치에너지의 변화는 매우 작다. 터빈의 출력은 800 kW이다. 터빈을 통과하는 증기의 질량유량은 얼마인가?

6. 냉각된 압축기가 300 K, 100 kPa의 수소가스 유동을 등온과정을 통해 1000 kPa의 압력으로 압축한다. 가역과정을 가정하고 비일을 구하라.

7. 증기가 압력 1 MPa, 온도 300℃ 그리고 속도 50 m/s로 증기터빈에 들어간다. 증기는 150 kPa의 압력과 200m/s의 속도를 가지고 터빈을 떠난다. 과정이 가역단열적이라 가정하고 터빈을 흐르는 증기 1 kg당의 일을 구하라.

8. 어느 터빈의 1단에서 10 MPa, 800℃의 증기가 유입되며 출구압력은 800 kPa이다. 이 과정에서 단열을 가정하고 운동에너지를 무시할 때 출구온도와 비일을 구하라.

3장

열기관 사이클

실용적인 견지에서 볼 때 열역학을 공부하는 가장 큰 목적은 효율 좋은 열기관을 만드는 것이라고 볼 수 있다. 즉, 열기관 사이클을 연구함으로써 열기관의 효율을 제고할 수 있는 다양한 방법들이 고안되고 이론 최고효율인 Carnot 사이클의 효율을 향해 다가갈 수 있게 될 것이다. 열역학적인 사이클은 몇 개의 과정으로 이루어지므로 각 과정의 비가역성을 최소화시킴으로써 전체 사이클의 효율을 높일 수 가 있는 것이다. 이를 위해서는 기존의 열기관에 사용되는 사이클에 어떤 것이 있는지를 살펴보고 이들에 대한 연구과 고찰이 선행되어야만 한다.

우선 열기관은 밀폐계 내부의 작동유체가 팽창함에 따르는 경계이동일 즉 절대일(absolute work)을 만들어내는 열기관, 정상상태의 작동유체가 개방계의 검사표면을 통과하여 정상 유동할 때 발생하는 축일(shaft work)을 만들어내는 열기관으로 나눌 수 있다. 넓은 의미의 열기관에는 일을 사용하여 낮은 온도의 열을 높은 온도로 이동시켜주는 냉동기를 포함시킬 수 있다.

열기관 사이클은 열기관을 작동시키는 작동유체의 종류에 따라 증기사이클, 공기사이클, 냉동사이클로 분류하기도 한다. 증기사이클은 물을 작동유체로 사용하는데 주로 물의 상변화에 따르는 잠열의 유입과 방출을 이용하여 일을 생성해내는 사이클로서 랭킨사이클(Rankine cycle)이 이에 해당하며 발전소와 같은 증기원동소에 사용되고 있다. 공기 사이클에는 다양한 사이클이 존재하지만 그 중 대표적인 것이 Otto 사이클, Diesel 사이클, 그리고 Brayton 사이클이다.

3.1 Rankine 사이클

Rankine 사이클은 가장 오래된 열역학 사이클로서 산업혁명을 일으킨 제임스 와트(James Watt)의 증기기관을 구동시켰던 사이클이다. 지구상에서 가장 쉽게 구할 수 있는 물을 작동유체로 사용하는데 물의 증발 잠열을 이용하여 보일러에서 많은 열에너지를 과열증기에 저장한 후 증기 터어빈을 돌리는데 이용하게 된다. 즉 보일러에서 공급된 열량이 물의 상태변화를 유발하고 궁극적으로 터어빈을 돌리게 되어 축일(shaft work)을 수행하게 되는 것이다. 랭킨사이클을 구성하는 요소장치로는 보일러(boiler), 터어빈(turbine), 응축기(condenser), 급수펌프(feedwater pump) 등을 들 수가 있으며 이는 그림 3.1에 잘 보여진다. 즉 랭킨사이클은 물이 보일러에서 열을 공급받는 정압과정, 터어빈에서 팽창하는 단열팽창과정, 응축기에서 방열하는 정압과정 및 급수펌프에서 압축되는 단열압축과정의 4가지 과정으로 구성된다. 즉 2개의 정압과정과 2개의 단열과정으로 이루어진다고 볼 수 있다.

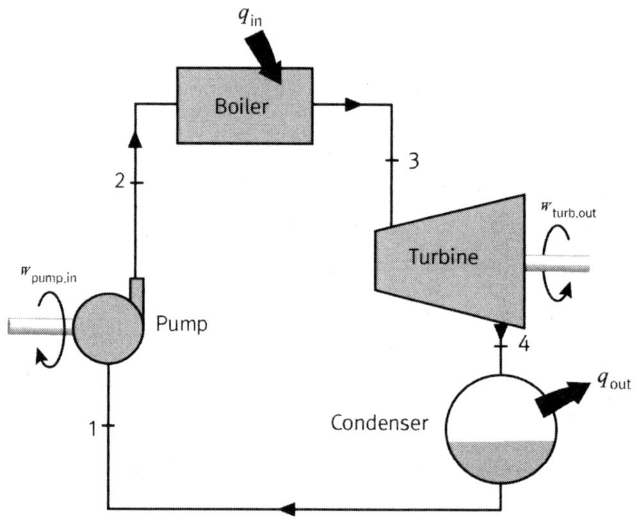

그림 3.1 랭킨사이클로 운전되는 증기발전소의 구조

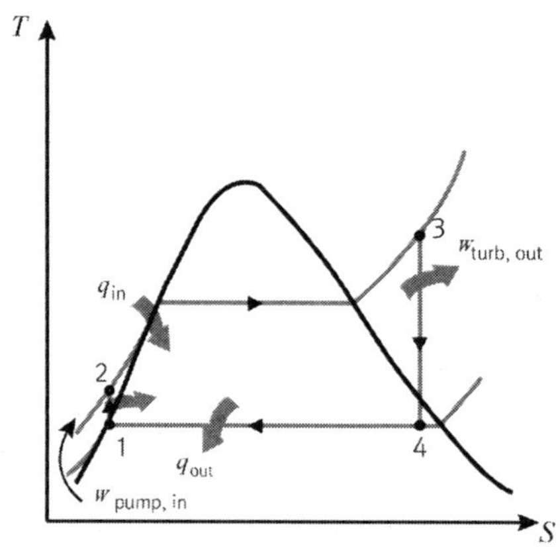

그림 3.2 랭킨사이클의 T-s선도

랭킨사이클의 열효율을 구하기 위해서는 공급열량과 발생일량을 정량적으로 구할 수 있어야 한다. 열효율은 $\eta_{th} = \frac{W_{net}}{Q_H}$ 로 정의가 되는데 $W_{net} = Q_H - Q_L$ 이므로 $\eta_{th} = 1 - \frac{Q_L}{Q_H}$로 쓸 수 있다. 보일러에서 가열할 때와 응축기에서 냉각할 때는 열교환 외에 다른 작용이 없으므로 제1법칙 에너지 식으로부터 교환열량이 엔탈피 차만으로써 표현이 되고 터어빈과 급수펌프에서는 단열변화를 가정하므로 일량 역시 엔탈피의 차로 표시가 됨을 알 수가 있다. 따라서 랭킨사이클의 열효율은 다음과 같이 표시된다.

$$\eta_{th} = 1 - \frac{Q_L}{Q_H} = 1 - \frac{h_4 - h_1}{h_3 - h_2}$$

이상은 가장 기본적인 랭킨사이클의 열효율을 나타내고 있으나 실제로는 랭킨사이클의 열효율을 높이기 위해 여러 가지 노력을 하고 있다. 그림 3.2에는 랭킨사이클의 T-s선도가 있는데 이 선도를 살펴볼 때 열효율을 높이기 위해서는 공급열량을 최대화하고 방열량을 최소화해야 된다는 것을 알 수가 있다. 하지만 대기 혹은 강물의 온도가 크게 변하지 않으므로 방열량은 별다른 변화를 주기가 어렵다. 공급열량을 늘리는 것만이 효율을 제고시키는 방법인데 이를 수행하려면 원칙적으로 터어빈에 유입되는 증기의 초온과 초압을 가능한 올려줄 수 있어야 한다.

그러나 초온을 올려주는 것은 배관 재료에 발생할 수 있는 열응력(thermal stress) 때문에 제한적일 수밖에 없으며 따라서 초압을 올려주는 것이 방법이긴 하지만 이 경우 초온을 어느 정도로 제한하게 되면 터어빈 출구에서의 건도가 많이 떨어지게 된다. 이러한 터어빈 내부 건도의 감소는 액적의 마찰저항에 따른 일의 손실을 가져오게 되며 또한 터어빈 유로에 부식을 유발하기도 하여 바람직하지 못한 결과를 가져온다. 이를 해결하기 위해서 증기 팽창을 위한 터어빈을 동축상에 설치된 고압 터어빈과 저압 터어빈으로 나누어 분리 팽창시키는 방법을 사용하는데 고압 터어빈에서 어느 정도 팽창시킨 증기를 다시 가열하여 저압 터어빈에서 다시 한번 최종적으로 팽창시킴으로써 터어빈 내부의 건도감소를 막을 수 있게 된다. 이를 재열랭킨 사이클(reheat Rankine cycle)이라 하며 기본적인 랭킨사이클보다 열

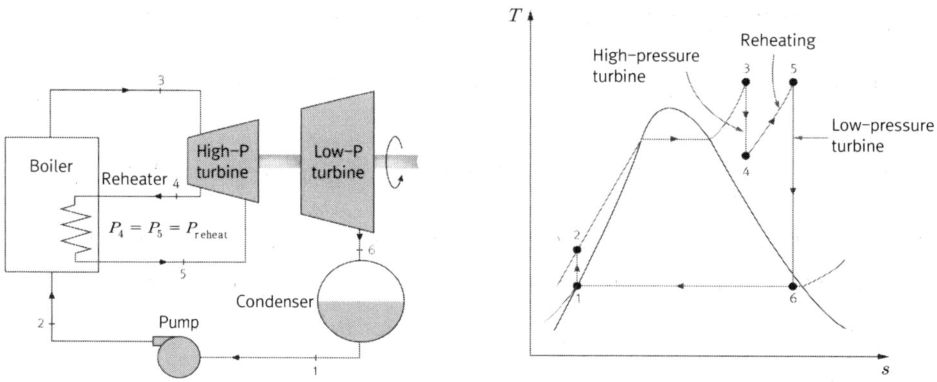

그림 3.3 재열랭킨사이클의 구성과 T-s선도

효율을 증대시킬 수 있게 된다. 그림 3.3은 재열랭킨사이클의 T-s선도를 보여주고 있으며 이 사이클의 열효율은 다음과 같음을 알 수 있다.

$$\eta_{th} = 1 - \frac{Q_L}{Q_H} = 1 - \frac{h_6 - h_1}{(h_3 - h_1) + (h_5 - h_4)} = \frac{(h_3 - h_4) + (h_5 - h_6)}{(h_3 - h_1) + (h_5 - h_4)} = \frac{W_{net}}{Q_H}$$

재열을 한번만 할 경우 1단 재열랭킨사이클이라 하며 두 번 이상의 재열도 가능하나 설비비가 가중되므로 열효율의 향상에 따르는 이익과 최초 설비투자액의 증가를 고려하여 결정하는 것이 바람직하다.

이 밖에도 팽창도중의 증기 일부를 추출하여 급수를 가열하는데 사용함으로써 폐열의 회수효율을 높여 열효율을 증대시키는 사이클이 있는데 이를 재생랭킨사이클(regeneration Rankine cycle) 혹은 추기사이클이라 부른다. 이 사이클에 대한 자세한 내용은 열역학 교재를 참고하기 바란다.

3.2 공기표준 사이클

공기표준 사이클은 작동유체로서 공기를 사용하는데 연료가 혼합된 연료공기 및 연소후의 연소가스가 모두 표준 공기의 물성을 가진다는 가정에서 출발한다. 또한 이들은 모두 이상기체의 성질을 가진다고 가정한다. 연소과정은 열을 공급하는 과정, 배기과정은 열을 방출하는 과정으로 본다. 이러한 공기표준 사이클 중에서 주요한 것으로 Otto 사이클, Diesel 사이클, Brayton 사이클을 들 수가 있는데 각각의 사이클에 대한 해석이 다음에 주어진다.

3.2.1 Otto 사이클

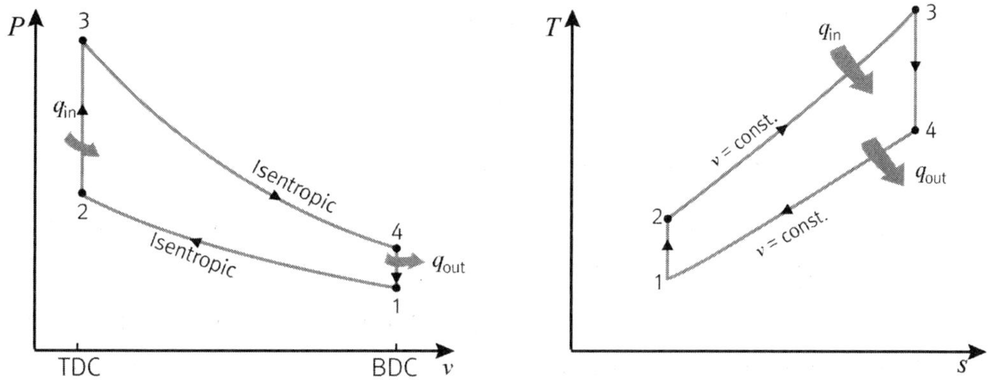

그림 3.4 Otto사이클의 P-v선도와 T-s선도

오토사이클(Otto cycle)은 공기에 연료를 혼합하여 연소실내부에서 압축한 후 점화를 시킴으로써 얻은 높은 압력을 팽창시켜 일을 발생시키는 사이클이다. 보통 피스톤/실린더로 구성되는 연소실내부에서 발생하는 사이클로서 팽창에 따르는 절대일을 이용하는 사이클이다. 주사기를 당기면 공기가 빨려 들어가듯이 피스톤이 이완되면 실린더내부에 작동유체인 연료혼합공기(air-fuel mixture)가 유입되게 된다. 유입된 연료공기는 피스톤을 이용하여 단열압축되며 이 때 압축된 연소실공간인 극간체적(clearance volume; V_c)의 크기에 따라 압축비(compression ratio; ϵ)가 결정되는데 피스톤의 행정체적(stroke volume; V_s)을 이용하여 표시하면 다음과 같다.

$$\epsilon = \frac{V_c + V_s}{V_c}$$

압축된 연료공기는 점화(ignition)에 의해 급격한 연소를 이행하는데 이 때 피스톤이 밀려날 충분한 시간이 부족하므로 좁은 공간 내에서 체적의 변화 없이 압력만이 급격하게 증가한다고 보아 정적변화를 가정한다. 이 때 압력의 변화비를 압력비(ϕ)라 하고 연소후의 압력을 연소전의 압력으로 나눈 값을 의미한다. 높은 압력은 피스톤을 밀어내어 팽창을 하게 되며 이를 단열팽창으로 가정한다. 배기과정은 일정한 체적상태에서 일어나는 정적과정으로 볼 수 있으므로 오토사이클은 두 개의 단열과정과 두 개의 정적과정으로 이루어지는 사이클이라 할 수 있다. 오토사이클의 효율은 각 과정에 대한 해석을 통해서 온도 T를 소거함으로써 구해질 수 있는데 다음과 같이 압축비만의 함수로 표시된다.

$$\eta_{th} = 1 - \epsilon^{\kappa - 1}$$

여기서, κ는 공기의 비열의 비(ratio of specific heat)를 나타낸다.

공기의 압축비를 증가시키면 열효율도 증가함을 알 수 있으나 오토사이클에서의 공기는 순수공기가 아닌 연료공기라서 어느 정도까지 압축하게 되면 자연발화온도에 도달하게 되므로 그 이상의 압축비에서는 점화기에 의한 통제(control)가 불가능하게 된다. 이는 녹킹(knocking)등의 바람직하지 않은 결과를 초래하기 때문에 통상 압축비는 10이내에서 조정하고 있다.

3.2.2 Brayton 사이클

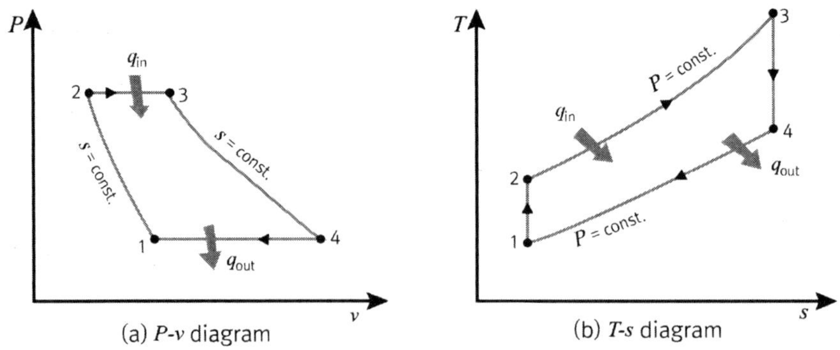

(a) *P-v* diagram (b) *T-s* diagram

그림 3.5 Brayton사이클의 P-v선도와 T-s선도

브레이턴 사이클(Brayton cycle)은 공기를 압축터어빈으로 단열압축한 후 연료를 분사하여 연소시킴으로써 얻은 높은 압력을 팽창터어빈을 통해 단열팽창시킴으로써 일을 발생시키는 사이클이다. 압축에 사용되는 터어빈과 팽창에 사용되는 터어빈은 동축 상에 연결되어 있으며 팽창시 얻게 되는 일의 일부는 공기의 압축에 사용된다. 공기만을 압축하므로 자연발화점까지 충분히 압축할 수 있으며 점화는 자연발화점 이상에서 연료를 분사함으로써 이루어진다. 연료분사에 따라 연소가 이루어짐과 동시에 팽창이 이루어지므로 연소실내 압력의 증가는 거의 없는 일정한 압력에서 과정이 지속될 수 있다. 공기표준 사이클에서는 이를 정압과정으로 본다. 연소된 공기는 대기 중으로 방출되고 새로운 공기가 터어빈에 들어와서 압축되는데 이는 대기 중으로 방출된 공기가 초기상태로 환원되어 다시 들어오는 것으로 간주할 수 있으므로 이과정은 같은 대기압하의 정압과정이라 볼 수가 있다. 따라서 브레이턴 사이클은 두 개의 단열과정 외에 두 개의 정압과정으로 이루어지는 사이클이라 볼 수 있다. 브레이턴 사이클은 주로 항공기의 제트엔진에 사용되는 사이클로서 제트엔진 사이클로 불리기도 한다. 이 밖에도 브레이턴 사이클은 가스터어빈의 사이클로서 사용되기도 한다. 브레이턴 사이클의 열효율은 다음과 같이 표시된다.

$$\eta_{th} = 1 - (\frac{1}{\phi})^{\frac{\kappa - 1}{\kappa}}$$

여기서 ϕ는 압력비 $\dfrac{P_2}{P_1}$을 나타낸다.

3.2.3 Diesel 사이클

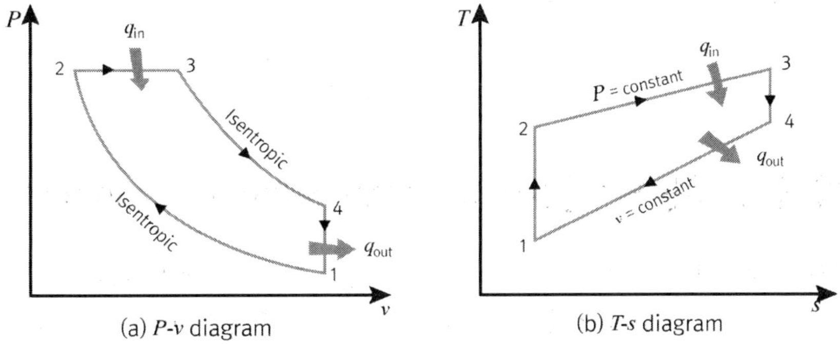

(a) *P-v* diagram (b) *T-s* diagram

그림 3.6 Diesel사이클의 P-v선도와 T-s선도

디젤 사이클(Diesel cycle)은 공기를 연소실내부에서 압축한 후 연료를 분사하여 점화를 시킴으로써 얻은 높은 압력을 팽창시켜 일을 발생시키는 사이클이다. 보통 피스톤/실린더로 구성되는 연소실내부에서 발생하는 사이클로서 팽창에 따르는 절대일을 이용하는 사이클이다.

압축된 공기에 연료가 분사(spray)되면 연소가 일어나는데 이때 분사량의 조절에 의한 완만한 연소가 가능하여 연소가스가 팽창하면서 일정한 압력을 유지하는 것이 가능하다. 따라서 공기표준 사이클에서는 이 과정을 정압과정으로 가정한다. 이러한 정압팽창과정은 연료가 분사되는 동안 진행되며 분사가 끝나게 되면 단열팽창을 지속하게 된다. 일반적으로 디젤 사이클에서는 공기만을 단열 압축하므로 자연발화가 될 수가 없으며 따라서 이론상으로는 무한히 압축비를 증대시킬 수 있다. 디젤 사이클에서는 오토사이클에서보다 더 높은 압축비를 구현할 수 있으며 따라서 효율도 더 높다. 디젤 사이클의 효율은 압축비 ϵ 외에 분사 단절비(injection cut-off ratio) ρ의 영향을 받게 되는데 이들 파라메타를 이용하여 열효율을 표시하면 다음과 같이 된다.

$$\eta_{th} = 1 - \frac{1}{\epsilon^{\kappa-1}} \cdot \frac{\rho^{\kappa} - 1}{\kappa(\rho - 1)}$$

여기서 분사단절비(injection cut-off ratio) ρ는 연료의 분사가 끝나는 시점의 실린더 공간 체적(V_3)과 극간체적(V_2)의 비로서 $\rho = V_3 / V_2$ 정의된다. 위 식에서 보듯이 디젤 사이클에서 압축비가 높을수록 효율이 높아지며 분사단절비가 커질수록 효율은 낮아짐을 알 수 있다.

3.3 증기압축식 냉동사이클(vapor compression refrigeration cycle)

이상의 사이클들은 모두 공급되는 열량을 일로 변환시켜주는 동력 사이클(power cycle or prime mover)인데 냉동사이클은 일을 사용하여 저온에서 고온으로 열을 이동시켜주는 열기관의 사이클을 말한다. 냉동사이클은 저온에서도 비등이 가능한

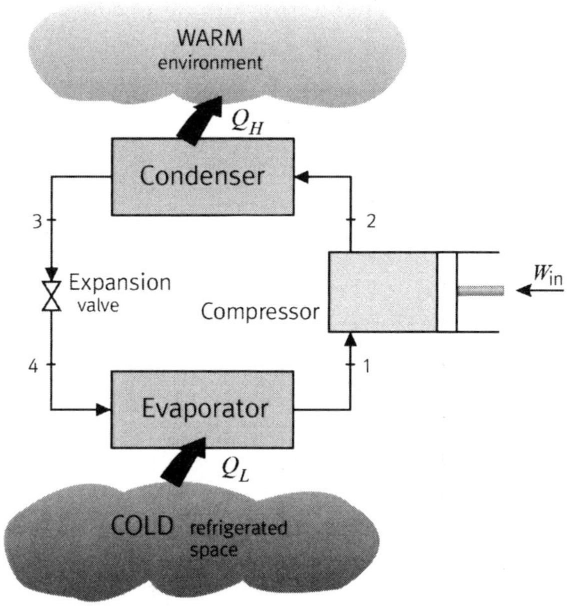

그림 3.7 증기압축식 냉동사이클의 구성요소

작동유체를 사용하여 저온부로부터 비등열을 흡수하는 방식으로 냉동을 하는 증기압축식 냉동사이클과, 암모니아 수용액을 작동유체로 사용하는 암모니아 흡수식 냉동사이클, 공기의 팽창시 냉각되어 주위의 열을 흡수하는 방식의 공기표준 냉동사이클 등이 있다.

이 중에서 가장 널리 쓰이고 있는 증기압축식 냉동사이클은 팽창밸브(expansion valve), 증발기(evaporator), 압축기(compressor), 응축기(condenser)의 4가지 주요장치로 이루어진다. 이 방식은 팽창밸브를 이용하여 냉매를 교축(throttling)하고 이때 만들어지는 저압에 의해 낮아진 냉매의 포화온도에서 냉매가 비등할 수 있도록 하는 것이다. 교축작용에 의해 압력이 낮아진 냉매는 낮은 온도로 유지되고 있는 증발기에 들어가서 비등 또는 증발함으로써 비등에 필요한 비등열을 증발기 주변으로부터 흡수하여 냉동효과를 가져오게 된다. 증발기에서 비등하면서 냉동효과를 유발한 냉매는 과열증기가 되어 높은 엔탈피를 가지고 있으나 증기자체의 온도가 주위보다 낮아 그 상태로는 주위에 열을 버릴 수가 없게 되므로 이를 압축하여 온도를 상승시키면 주위와의 열교환이 가능하게 된다. 냉매 증기의 온도가 주위온도와 비교해 상당히 높게 상승하게 되면 응축기에 들어가 주위와 열교환을 하면서 냉매 온도가 포화온도까지 낮아지게 되고 포화온도에서 지속적으로 열방출이 이루어지면서 냉매 포화액이 된다. 냉매 포화액은 다시 팽창밸브로 들어가서 냉동사이클을 완성한다.

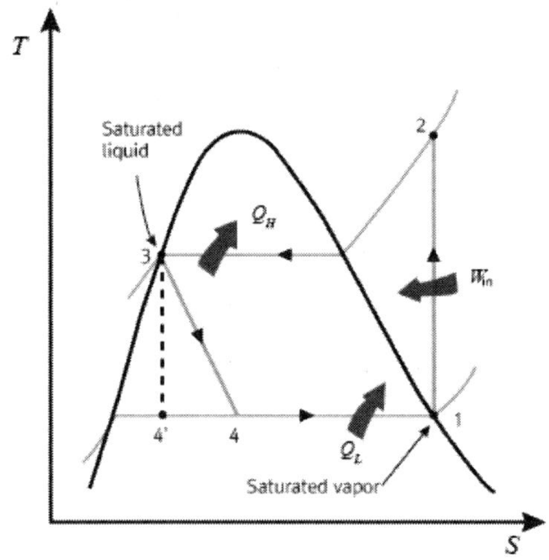

그림 3.8 증기압축식 냉동사이클의 T-s선도

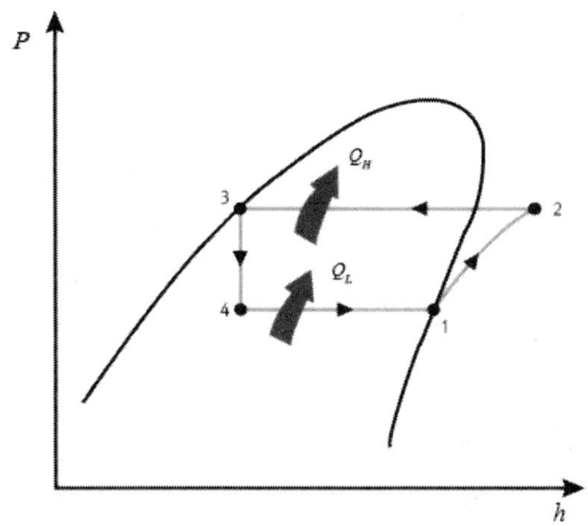

그림 3.9 증기압축식 냉동사이클의 P-h선도

냉동사이클의 효율은 성적계수(coefficient of performance ; COP) 라고 하는 값을 사용하는데 이 값은 냉동기에 의해 이동된 열량(Q)을 공급된 일량(W)으로 나눈 값을 말한다. 저온으로부터 유입된 열량(Q_L)을 이동된 열량으로 볼 경우는 $(COP)_R$ 표기하고 고온으로 공급된 열량(Q_H)을 이동된 열량으로 볼 경우는 $(COP)_H$ 로 표기한다. 이 때 $(COP)_H$는 $(COP)_R$ 보다 항상 1이 큰 값을 가지게 된다. 냉동기에서 방열량 (Q_H)은 응축기에서의 방열량을 말하므로 냉매질량을 m이라 할 때 $m(h_2-h_3)$로 나타나며 증발기에서의 흡수열량 즉 냉동효과(Q_L)는 $m(h_1-h_4)$가 된다. 압축기를 통해서 공급된 일량(W)는 $m(h_2-h_1)$이므로 $(COP)_R$과 $(COP)_H$는 각 상태점의 엔탈피를 이용하여 다음과 같이 표시된다.

$$(COP)_R = \frac{h_1-h_4}{h_2-h_1} \quad , \qquad (COP)_H = \frac{h_2-h_3}{h_2-h_1}$$

연습문제

1. 어느 제트기관의 출구노즐에 1200 K, 150 kPa 의 공기가 무시할 만큼의 작은 운동에너지를 가지고 유입된다. 출구압력은 80 kPa 이고 과정은 가역단열과정이다. 300 K에서의 일정비열을 사용하여 출구속도를 구하라.

2. 어느 발전소의 증기터빈에 3000 kPa, 500℃의 증기 5 kg/s가 유입된다. 압력 1000 kPa에서 20%의 증기가 추출되어 급수가열기로 들어가고 나머지는 200 kPa에서 터빈을 떠난다. 이 두 곳에서의 출구온도 및 터빈 출력을 구하라.

3. 한 발전 설비는 물을 이용한 Rankine 사이클로 운전되는데, 보일러 압력이 3 Mpa 이고 사이클의 최고온도와 최저온도가 각각 450℃와 45℃이다. 이 설비의 효율을 구하고, 같은 온도 범위의 Carnot 사이클의 효율도 구하라.

4. 작동 물질로 암모니아를 사용하는 Rankine 사이클이 태양에너지로 작동된다. 암모니아는 보일러/과열기에서 5000 kPa, 140℃로 가열된다. 응축기는 물로 냉각되어 출구 온도가 항상 25℃를 유지한다. 사이클 상태 4의 T, P, x(가능하면)를 구하라.

5. 디젤엔진에서 압축 전 상태는 95 kPa, 290 K이며 최대압력은 6000 kPa, 최대온도는 2400 K이다. 압축비와 열효율을 구하라.

6. Otto 사이클의 효율을 유도하라.

7. 가솔린기관의 입구공기는 95 kPa, 300 K이다. 공기는 압축비 8:1로 압축된다. 연소 과정에서 1300 kJ/kg의 에너지가 연료로부터 전달된다. 연소 후 온도와 압력을 구하라.

8. 고압이 1500 kPa, 저압이 200 kPa이고, R-12로 작동되는 구형의 냉각 시스템이 있다. 열펌프로 사용될 때 성능계수는 얼마인가?

9. 저온 25℃이고 고압 5000 kPa인 암모니아를 사용하는 열펌프가 있다. 축일 1 MW를 받는다면 고온에서의 열전달률은 얼마인가?

4장

유체의 유동

(Fluid Flow)

4.1 유체역학이란 무엇을 다루는 학문인가?

유체(fluid)라 함은 액체(liquid)와 기체(gas)를 함께 일컫는 말이다. 압축가능성을 놓고 본다면 액체는 비압축성에 가까운 유체이고 기체는 압축성 유체이다. 압축성 유체의 대표적인 것이 공기이고 공기와 같은 기체의 유동을 다루는 학문이 공기역학(gas dynamics)이다. 공기역학은 항공공학에서 매우 중요한 학문이다. 비압축성유체의 대표적인 것으로는 물을 들 수가 있는데 물이 정지한 상태의 힘의 평형을 다루는 학문이 정수력학(fluid statics)이고 토목공학에서 중요한 학문이다. 화학공학에서는 다양한 압축성 또는 비압축성 화학물질의 유동을 다룬다. 기계공학에서 유체역학이라 함은 이 모든 분야를 총 망라하고 있으나 주로 비압축성유체의 유동을 많이 다룬다고 보면 된다.

유체의 유동이란 무엇이고 우리가 알아내야할 것은 무엇인가? 하는 질문에 대해 생각해보기로 하자. 유동현상은 유체의 변형이 지속적으로 일어나는 현상이다. 고체의 경우에 외부로부터 힘을 받게 되면 일정량의 변형만이 일어나고 하중이 사라지면 더 이상의 변형은 없게 된다. 탄성한계 내에서는 변형이 원래 상태로 복원되기도 한다. 그러나 유체의 경우에는 다르다. 일단 외부로부터 유체에 힘이 작용하게 되면 힘의 작용 중에는 지속적으로 변형이 일어나게 되고 그 힘이 제거되어도 원상태로 복귀를 하지 않는다. 따라서 유체에 힘이 작용하는 동안에는 지속적인 변형이 일어나게 되는데 이러한 현상을 유동(flow)이라 한다. 다음으로 우리가 알아야 하는 것은 무엇인가? 각 공학 분야에서 필요로 하는 유동정보일 것이다. 즉 유동에 관한 모든 정보를 알아야만 필요에 따르는 정보를 선택하여 원하는 양을 추출해낼 수 있게 된다. 여기서 유동정보란 무엇을 말할까? 유동이 이루어지는 유동장(flow field) 전체에 대한 속도, 압력 및 온도 정보를 말한다. 이 모든 정보를 알 수 있을 때에 비로소 우리는 유동에 대한 해석을 마쳤다고 할 수가 있는 것이다.

이러한 유동장내의 속도, 압력 및 온도를 알아내는 것은 매우 복잡한 문제이다. 하지만 유체의 유동을 관장하는 것 또한 자연법칙이므로 자연계에서의 보존법칙에 의거하는 방정식을 만들어낼 수 있다면 이들을 이용하여 우리가 원하는 양들을 계산해낼 수가 있다. 우선 미지수가 속도, 압력 및 온도 3가지이지만 이 중에서 속도는 벡터량이므로 3개의 스칼라 미지수로 이루어진다. 따라서 속도 3개, 압력 1개, 온도 1개를 망라한 총 5개의 스칼라 미지수가 존재하게 되는데 이러한 미지수를 알기 위해서는 서로 연관되는 5개의 방정식이 필요하다. 우리가 알고 있는 보존법칙들인 질량보존의 법칙(conservation of mass), 운동량보존의 법칙(conservation of momentum), 에너지 보존(conservation of energy)의 법칙으로부터 미분형태의 방정식을 유도하게 되면 각각 연속방정식(continuity equation), 운동량방정식(momentum equation) 그리고 에너지방정식(energy equation)을 얻게 된다. 연속방정식과 에너지방정식은 스칼라방정식이지만 운동량방정식은 3개의 스칼라 방정식으로 이루어진다. 이들은 상호 연관된 물리량으로 표시된 5개의 방정식이므로 연립하여 풀게 되면 해를 구할 수 있다. 물론 적절한 경계조건(boundary condition)이 주어질 때에만 가능한 일이다.

이상과 같이 유동장 전체에 대한 압력 P, 속도 u,v,w 및 온도 T를 알게 되면 유량, 힘, 전달열량 등과 같은 양을 추출해 낼 수 있다.

4.2 유체의 유동

앞서 언급한 바와 같이 유체에 유동이 일어나기 위해서는 외부로부터 힘이 가해져야한다. 이러한 힘에는 여러 가지 종류가 있으나 일단 점성력, 압력 및 체적력이 주된 힘이다. 예를 들어 정지된 유체 속에서 평판이 운동한다고 가정해보자. 유체가 점성을 가지고 있지 않다면 평판은 아무런 저항 없이 유체 속을 운동할 것이지만 유체가 점성을 가지고 있다면 점성에 의한 저항력을 받게 된다. 역으로 말하면 평판의 운동에 의해 평판과 인접한 유체에 힘이 가해지게 되는데 이를 점성력(viscous force)이라 한다. 이러한 점성력은 평판으로부터 멀어짐에 따라 감소하지만 점성이 영향을 미치는 영역은 점성도에 따라 달라진다. 즉 점성에 의해 유체의 유동이 발생하게 되는 것이다. 유체에 유동을 유발시키는 또 다른 주요 힘은 압력이다. 유동장 내에 압력차가 존재하게 되면 유체는 자연스럽게 높은 압력 영역으로부터 낮은 압력 영역으로 이동하게 되어 유동현상이 발생한다. 예를 들어 관내에 정지되어 있는 유체의 한쪽 면 압력이 다른 면의 압력보다 높아지게 되면 관의 내부에서 유동이 일어나게 될 것이다. 송유관을 통해 원거리로 석유를 보내는 방법도 펌프를 통해 송유관 한쪽 면의 압력을 높이면 낮은 압력 쪽으로 유동이 일어난다는 원리를 이용하는 것이라 볼 수 있다. 마지막으로 중요한 힘은 체적력(body force)으로서 유체가 체적을 가지고 있는 것만으로 유체에 힘이 작용하는 경우이다. 일반적인 유체는 중력이라는 체적력을 가지고 있어서 높은 지대에 있는 유체는 낮은 지역으로 흐르려고 하는 것이다. 체적력에는 중력(gravity force)이외에 자력(magnetic force)도 있는데 자성을 띤 유체의 유동에서는 매우 중요한 체적력으로 작용하게 된다.

4.3 유동에 관한 지배방정식(governing equations)

앞서 언급했던 5개의 방정식은 유체의 유동을 관장하는 방정식이고 이를 지배방정식이라 부른다. 이에는 연속방정식, 운동량방정식 및 에너지방정식이 있는데 이중 운동량방정식은 점성유동에 대해 Navier-Stokes 방정식이라 불리고 비점성 및 비압축성 유동에 대해서는 Euler 방정식이라 불린다. 마찰과 와류가 없어 유선에서의 에너지가 보존되는 경우에 대해서는 동일유선 상에서 Bernoulli 방정식이 적용될 수 있다.

질량보존의 법칙을 정상상태로 유동중인 유체의 미소 검사체적에 적용시키면 다음과 같은 미분방정식을 얻게 되는데 이를 연속방정식이라 한다.

$$\frac{\partial \rho u}{\partial x} + \frac{\partial \rho v}{\partial y} + \frac{\partial \rho w}{\partial z} = 0 \tag{4.1}$$

비압축성 유동의 경우 밀도 변화가 없으므로 위의 연속방정식은 다음과 같이 쓸 수 있다.

$$\frac{\partial u}{\partial x} + \frac{\partial v}{\partial y} + \frac{\partial w}{\partial z} = 0 \tag{4.2}$$

유사한 방법으로 미소검사체적에 운동량보존법칙을 적용시켜 다음과 같은 3개의 스칼라방정식을 얻게 되는데 이를 운동량방정식 또는 나비에-스토크스 방정식(Navier-Stokes equation)이라 한다. 유체가 점성을 가지고 비압축성일 때의 나비에-스토크스 방정식은 다음과 같이 쓸 수 있다.

$$\frac{\partial u}{\partial t}+u\frac{\partial u}{\partial x}+v\frac{\partial u}{\partial y}+w\frac{\partial u}{\partial z}=-\frac{1}{\rho}\frac{\partial P}{\partial x}+\nu\left(\frac{\partial^2 u}{\partial x^2}+\frac{\partial^2 u}{\partial y^2}+\frac{\partial^2 u}{\partial z^2}\right)+g_x$$

$$\frac{\partial v}{\partial t}+u\frac{\partial v}{\partial x}+v\frac{\partial v}{\partial y}+w\frac{\partial v}{\partial z}=-\frac{1}{\rho}\frac{\partial P}{\partial y}+\nu\left(\frac{\partial^2 v}{\partial x^2}+\frac{\partial^2 v}{\partial y^2}+\frac{\partial^2 v}{\partial z^2}\right)+g_y$$

$$\frac{\partial w}{\partial t}+u\frac{\partial w}{\partial x}+v\frac{\partial w}{\partial y}+w\frac{\partial w}{\partial z}=-\frac{1}{\rho}\frac{\partial P}{\partial z}+\nu\left(\frac{\partial^2 w}{\partial x^2}+\frac{\partial^2 w}{\partial y^2}+\frac{\partial^2 w}{\partial z^2}\right)+g_z$$

유체가 비점성, 비압축성 정상유동을 하게 되면 위 식은 단순화되어 다음과 같은 오일러 방정식(Euler equation)이 된다. 여기서 g_x, g_y, g_z 는 각각 x, y, z 방향의 체적력을 나타낸다.

$$u\frac{\partial u}{\partial x}+v\frac{\partial u}{\partial y}+w\frac{\partial u}{\partial z}=-\frac{1}{\rho}\frac{\partial P}{\partial x}+g_x$$

$$u\frac{\partial v}{\partial x}+v\frac{\partial v}{\partial y}+w\frac{\partial v}{\partial z}=-\frac{1}{\rho}\frac{\partial P}{\partial y}+g_y$$

$$u\frac{\partial w}{\partial x}+v\frac{\partial w}{\partial y}+w\frac{\partial w}{\partial z}=-\frac{1}{\rho}\frac{\partial P}{\partial z}+g_z$$

일반적으로 기계공학에서 다루는 유체는 등온인 경우가 많기 때문에 에너지 방정식을 사용하지 않는데 필요할 경우 유체마찰을 무시하고 단순화시킨 다음과 같은 에너지방정식을 쓸 수 있다.

$$\frac{\partial T}{\partial t}+u\frac{\partial T}{\partial x}+v\frac{\partial T}{\partial y}+w\frac{\partial T}{\partial z}=\alpha\left(\frac{\partial^2 T}{\partial x^2}+\frac{\partial^2 T}{\partial y^2}+\frac{\partial^2 T}{\partial z^2}\right)$$

여기서 α는 열확산계수(thermal diffusivity)를 나타낸다.

4.4 레이놀드 수(Reynolds number)

유체의 유동상태를 나타내는 무차원수로서 매우 중요한 물리학적 의미를 담고 있다. 즉 유체의 유동이 관성력과 점성력으로 이루어진다 했을 때 이 두 가지 힘의 비를 나타내고 있다. 레이놀드 수는 차원해석을 통해 구해지지만 결국 이 무차원수의 의미는 유동상태를 묘사하는데 매우 중요한 것이다. 차원해석을 통해 얻게 되는 레이놀드 수는 다음과 같다.

$$Re = \frac{VL}{\nu}$$

여기서 V는 유동속도, L은 대표길이, ν는 유체의 동점성계수를 나타낸다. 특정 유동의 레이놀드 수에 따라 층류 혹은 난류로 구분할 수 있으며 유체의 운동에너지에 의한 관성력이 우위에 있는지 표면에서의 경계층(boundary layer)에 의한 점성력이 우위에 있는지를 가늠할 수 있게 된다.

4.5 경계층(boundary layer)

점성을 지니고 있는 유체가 유동을 할 때 이 유체와 상대속도를 가지는 다른 유체 혹은 고체의 표면에서는 상대속도가 0이 되는데 이를 점착조건(no-slip condition)이라 한다. 대개의 경우 정지되어 있는 고체표면위로 유체가 유동을 하게 되면 고체 표면에서 유체의 속도가 0이 되는 것을 말한다. 이는 유체가 점성을 가지고 있기 때문이며 비점성 유체의 경우에는 고체표면에서도 속도가 0이 되지 않을 것이다. 고체표면에서 점착조건에 의해 상대속도 0이 된 유동의 속도는 점성의 효과로 인해 곧바로 회복되지 못하고 점진적으로 증가하여 고체표면으로부터 일정한 거리를 지난 후에야 자유유동속도(free stream velocity)로 회복이 될 수 있다. 경계층은 고체표면으로부터 자유유동속도의 99%까지 회복되는 지점까지를 말하며 그 거리를 경계층의 두께라고 말한다.

경계층은 상대속도를 가지는 물질을 만나게 되면 항상 생겨날 수 있다. 이 때 경계층은 유체가 진행하면서 계속 발달하게 되는데 처음에는 유동방향과 수직인 방향의 속도성분이 0에 가까운 층류경계층(laminar boundary layer)으로 발달하다가 어느 지점에 이르면 이러한 성질이 없어지고 불규칙한 유동으로 변해가는 천이영역(transition)에 이르게 된다. 얼마간의 불규칙한 영역을 지나고 나면 새로운 규칙이 만들어지지만 수직방향의 속도성분이 존재하는 난류경계층(turbulent boundary layer)으로 발달하게 된다. 층류경계층은 평판 위를 유동하는 것과 같은 외부유동(external flow)에서는 레이놀드 수가 300,000~500,000보다 작을 때 발생하며 관내유동(pipe flow)일 경우는 2300~3000 이하일 경우 발생한다. 레이놀드 수의 범위가 큰 것은 표면조도(surface roughness) 등의 영향도 받기 때문이다.

4.6 Newton의 점성법칙

Newton 유체에서는 점성계수가 전단응력과 무관하게 일정하다. 이때 유체의 점성응력은 변형률과 비례하는데 여기서 비례상수에 해당하는 것이 점성계수이다. 식으로 표시하면

$$\tau = \mu \frac{\partial u}{\partial y}$$

위 식을 점성법칙 혹은 점성관계식이라 한다.

그림 4.1에서 보는 바와 같이바닥에서 H만큼 떨어진 곳의 평판이 점성유체 속에서 V의 속도로 운동하게 되면 평판과 바닥사이의 유체는 점성으로 인하여 운동하게

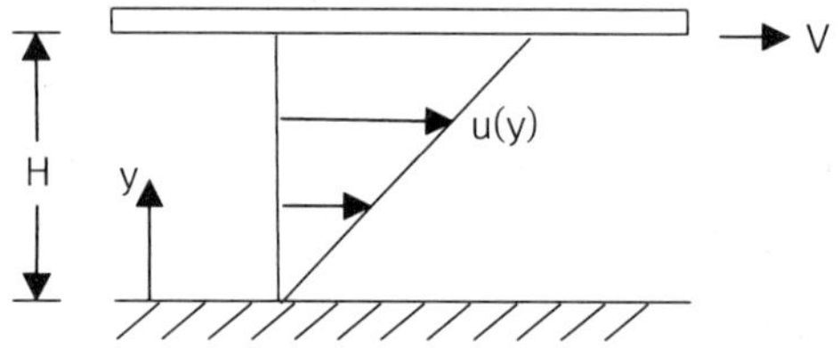

그림 4.1 쿠에트 유동의 속도분포

된다. 이러한 유동을 **쿠에트 유동**(Couette flow)이라 하는데 두 면 사이에 있는 유체의 속도분포는 점성법칙을 적분하여 다음과 같이 구한다. 먼저 두 개의 경계조건이 다음과 같이 주어진다.

$$u = V \quad at \quad y = H, \qquad u = 0 \quad at \quad y = 0$$

점성관계식을 적분하면

$$u = (\frac{\tau}{\mu})y + C,$$

경계조건을 적용하여 C=0 및 $\frac{\tau}{\mu} = \frac{V}{H}$이므로 속도 분포식은 다음과 같이 된다.

$$u = (\frac{V}{H})y$$

4.7 포아셀 유동(Poiseuille flow)

포아셀 유동은 해석적으로 엄밀해를 구할 수 있는 몇 안 되는 경우 중의 하나인 유동이다. 두 개의 무한평판 사이에 존재하는 유체가 압력차에 의해 유동할 때 형성되는 완전발달 유동(fully developed flow)을 말하는데 지배방정식들을 적분함으로써 구해진다. 2차원 연속방정식과 운동량 방정식으로부터 다음의 식을 얻게 되는데 양쪽 벽면에서의 속도가 0이라는 경계조건을 적용하여 해를 구하게 된다. 그림 4.2는 포아셀 유동의 속도분포를 보여주고 있다.

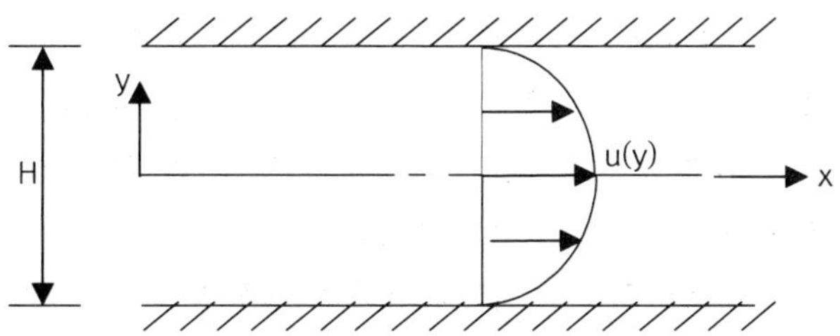

그림 4.2 포아셀 유동의 속도분포

x-방향 운동량 방정식은

$$0=-\frac{1}{\rho}\frac{\partial P}{\partial x}+\nu\frac{\partial^2 u}{\partial x^2}$$

이고 이때의 경계조건은 $u=0 \quad at \quad y=\frac{H}{2},\ y=-\frac{H}{2}$ 인데 운동량 방정식을 두 번 적분하고 경계조건을 적용하면 다음과 같은 속도분포를 얻게 된다.

$$u=\frac{1}{2\mu}\frac{dP}{dx}\left[y^2-(\frac{H}{2})^2\right]$$

이는 포물선의 속도분포 형태를 보여주고 있으며 y=0에서 최대속도 $u_{\max}$를 보여준다.

$$u_{\max}=-\frac{1}{2\mu}\frac{dP}{dx}(\frac{H}{2})^2$$

두 평판 사이를 흐르는 유량은 속도분포식을 단면에 대해 적분함으로써 다음과 같이 얻어진다. 단위깊이당의 체적유량 Q는

$$Q=\int_{-\frac{H}{2}}^{\frac{H}{2}}u\,dy=\int_{-\frac{H}{2}}^{\frac{H}{2}}\frac{1}{2\mu}\frac{dP}{dx}\left[y^2-(\frac{H}{2})^2\right]dy=-\frac{1}{\mu}\frac{dP}{dx}\frac{H^3}{12}$$

4.8 점착조건 (No-slip condition)

점성유체가 고체표면을 흐를 때 유체는 점성에 의해 표면에 점착을 하게 된다. 따라서 유체의 속도는 고체표면에서 0이 되는데 이를 점착조건이라 한다. 이상유체(perfect fluid)는 비점성이므로 고체표면을 유동할 때에도 이러한 점착이 일어나지 않고 미끄러지게 되어 표면에서의 속도가 0이 아니고 자유유동속도(free stream velocity)와 같다. 또한 점착조건을 확장하여 해석하면 고체표면에서 점성유체의 속도는 고체표면의 속도와 같다는 것을 말한다. 이는 비단 고체표면에 대해서만 해당

되는 것이 아니고 상대 속도를 가지는 다른 유체와의 경계면에서도 적용된다. 이러한 점착조건은 유체의 유동을 해석할 때 경계조건으로 널리 쓰이고 있다.

4.9 상사(similitude)

유체역학적인 문제를 풀기 위해서는 실제형상에 대해 해를 구하는 것이 가장 정확한 법이다. 하지만 공간적인 크기의 제한과 복잡성 때문에 실제형상과 기하학적으로 동일하나 크기가 작아진 모델을 사용하여 시험을 수행하고 시험결과를 해석하여 실제형상에 대한 해를 도출해내는 것이 일반적이다. 이러한 과정을 상사라 부르며 유체역학에서 매우 중요한 역할을 하고 있다. 상사를 이루기 위해서는 우선 실제형상과 축소된 모델이 기하학적으로 상사(Geometrically similar)를 이루어야 한다. 여기에 더하여 문제를 지배하는 지배방정식과 그 경계조건에서도 완전한 상사를 이루어야 축소모델을 통해 얻은 해를 적용할 수 있게 되는 것이다. 다시 말해서 역학적으로 상사(Dynamically similar)를 이루어야 하는데 일반적으로 이 두 가지 상사조건을 동시에 만족시켜야만 모델을 사용하여 실제형상에 대한 해를 도출해 낼 수 있게 된다.

이를 위해서 비압축성 유동의 지배방정식으로부터 무차원수를 유도해보기로 한다. 비압축성 유동에 대한 연속방정식과 x-방향 Navier-Stokes방정식은 다음과 같다.

$$\frac{\partial u}{\partial x}+\frac{\partial v}{\partial y}+\frac{\partial w}{\partial z}=0$$

$$\frac{\partial u}{\partial t}+u\frac{\partial u}{\partial x}+v\frac{\partial u}{\partial y}+w\frac{\partial u}{\partial z}=-\frac{1}{\rho}\frac{\partial P}{\partial x}+\nu\left(\frac{\partial^2 u}{\partial x^2}+\frac{\partial^2 u}{\partial y^2}+\frac{\partial^2 u}{\partial z^2}\right)+g_x$$

기준속도를 u_0, 기준길이를 l_0, 기준압력을 p_0라하고 무차원변수(*)를 다음과 같이 정의한다.

$$u^*=\frac{u}{u_0},\quad v^*=\frac{v}{v_0},\quad x^*=\frac{x}{l_0},\quad t^*=\frac{t}{l_0/u_0}\quad p^*=\frac{p}{p_0}$$

이들을 지배방정식에 대입하여 무차원식을 만들면 다음과 같이 된다.

$$\frac{\partial u^*}{\partial x^*}+\frac{\partial v^*}{\partial y^*}+\frac{\partial w^*}{\partial z^*}=0$$

$$\frac{\partial u^*}{\partial t^*}+u^*\frac{\partial u^*}{\partial x^*}+v^*\frac{\partial u^*}{\partial y^*}+w^*\frac{\partial u^*}{\partial z^*}=-\frac{p_0}{\rho u_0}\frac{\partial P^*}{\partial x^*}+\frac{\nu}{u_0 l_0}\left(\frac{\partial^2 u^*}{\partial x^{*2}}+\frac{\partial^2 u^*}{\partial y^{*2}}+\frac{\partial^2 u^*}{\partial z^{*2}}\right)+\frac{g l_0}{u_0^2}$$

위 식에서 연속방정식과 x-방향 Navier-Stokes 방정식이 무차원화 될 때 세 가지 무차원 변수가 생성되었음을 알 수 있는데 이들은 각각 $\frac{p_0}{\rho u_0}$, $\frac{\nu}{u_0 l_0}$ 및 $\frac{g l_0}{u_0^2}$로서 각각 Euler 수, Reynolds 수 그리고 Froude 수와 관계가 있다. 실제형상에 대한 모델의 기하학적 상사(geometrical similarity)가 이루어졌다고 가정하고 이들을 지배하는 방정식이 완전히 동일하다고 한다면 같은 해를 가지게 될 것이다. 연속방정식은 질량보존법칙을 바탕으로 하므로 유동하는 유체가 연속체인 이상 항상 동일하게 성립하지만 운동량방정식은 유동상태에 따라 달라질 수 있다. 하지만 무차원화 시킨 방정식은 위 세 가지 무차원 매개변수의 값을 같게 함으로써 완전히 동일하게 만들 수 있는데 이렇게 무차원 매개변수를 같게 만드는 것을 역학적상사(dynamical similarity)라 한다. Euler 수, Reynolds 수 및 Froude 수는 다음과 같이 표시된다.

Euler 수 ; $$Eu=\frac{p_0}{\rho u_0^2}$$

Reynolds 수 ; $$Re=\frac{u_0 l_0}{\nu}$$

Froude 수 ; $$Fr=\frac{u_0}{\sqrt{g l_0}}$$

자유표면이 없는 유동에서는 Euler 수와 Froude 수를 무시할 수가 있고 이 때 유동은 오직 레이놀즈수에만 의존하게 된다. 이러한 유동은 덕트 내 유동, 터보기계 내의 유동 등에서 찾아볼 수 있다. Froude 수는 자유표면이 존재하는 유동에 체적력의 작용이 존재할 때 중요한 의미를 가진다. 파도와 같은 것이 그 예인데 파도와 연관되는 여러 가지 역학적인 사항들에는 Froude 수가 연관되어 있다. 선박의 설계를 위해 수조를 사용하여 선박모델을 테스트하는 조선공학에서는 매우 중요한 매개변수로 인식되고 있다.

이상과 같이 지배방정식을 알고 있을 때에는 방정식을 무차원화 함으로써 무차원 매개변수를 찾아낼 수 있으나 지배방정식이 주어지지 않을 경우에는 다른 방법을 통해 상사 매개변수들을 찾아내야 한다. 이를 찾기 위해서는 힘의 균형을 이용한다든지 파이 정리(pi theorem)를 사용하는 방법들이 있는데 두 방법 모두 유동의 물리현상에 대한 통찰을 요구하고 있고 따라서 정확한 매개변수의 도출이 쉽지 않은 작업이다.

4.10 관내 유동

유동의 자세한 거동이나 속도분포, 전단력과 같은 특성들을 조사하기 위해 기하학적으로 간단한 유동단면을 가지는 원형관 내에서의 점성유동을 고찰해보기로 한다. 이러한 관내유동에서 주목할 점은 관입구로부터 일정거리를 지날 때까지의 유동이 관벽과 수평한 흐름만 발생하고 관벽에 수직인 성분은 전혀 없는 층류라는 것이다. 이러한 층류는 천이구역을 거쳐 난류를 형성하게 되는데 이 구분은 Re 수의 크기에 따라 정해진다. Re 수가 2000이하일 경우는 거의 대부분 층류가 형성되고 2000-3000 사이는 천이구역, 3000이상일 경우 난류가 발생하는 경우가 많다. 물론 관내유동에서의 Re 수는 $\frac{Vd}{\nu}$ 로 정의되는데 여기서 d는 관직경이다.

4.10.1 파이프 내의 정상 층류 유동

길이가 l인 원형관 내 반경 r인 곳에서의 전단응력은 다음의 평형식으로부터 주어진다.

$$\Delta p \pi r^2 = 2\pi r \tau l$$

파이프 반경 r_o 에 대해서는

$$\Delta p \pi r_o^2 = 2\pi r_o \tau_o l$$

이므로 $\tau = \tau_o \frac{r}{r_o}$ 를 얻을 수 있다.

뉴톤의 마찰법칙으로부터

$$\tau = \mu \frac{du}{dr}$$

이고 위에서 τ에 관해 정리한 값을 대입해주면

$$\frac{du}{dr} = \frac{\Delta p}{2l\mu} r$$

이고 이를 적분하면

$$u = \frac{\Delta p}{2l\mu}\frac{r^2}{2} + const.$$

관벽에서의 경계조건 $u=0 \quad at \quad r=r_o$ 를 이용하여 적분상수를 결정하면 파이프내의 속도분포는 다음과 같이 구해진다.

$$u = -\frac{\Delta p}{4l\mu}(r_o^2 - r^2).$$

또한 유량은 다음과 같이 계산된다.

$$Q = \int_0^{r_o} u 2\pi r \ dr = -\frac{\Delta p}{2l\mu}\pi \int_0^{r_o}(r_o^2 r - r^3)dr = -\frac{\Delta p \pi r_o^4}{8\mu l}$$

평균유속 V는

$$V = \frac{Q}{\pi r_o^2} = -\frac{\Delta p r_o^2}{8 l \mu}$$

이 값은 파이프 중심(r=0)에서의 최대유속의 절반과 같음을 알 수 있다.

4.11 외부표면 유동

외부표면 유동은 관내유동과는 달리 일정한 속도분포를 갖는 완전발달유동(fully developed flow)이 되지 않는다. 유동이 진행함에 따라 점성의 영향을 받는 영역은 계속 성장하지만 여전히 얇은 층을 이루고 있다. 이를 경계층이라 표현하는데 앞서 언급한바와 같이 경계층은 물체를 둘러싸고 있고 내부에서는 속도의 구배가 형성된다. 외부표면 유동은 처음 시작할 때에는 층류의 성질을 가지고 시작되나 표면이동의 거리 x가 길어질수록 천이영역을 거쳐 점차 난류로 변해간다. 경계층은 층류이든 난류이든 여전히 얇은 두께를 가진다. 따라서 이러한 경계층에 Navier-Stokes 방정식을 적용하면 상당히 단순화될 수가 있다. 간략화를 위해 표면을 따르는 유동방향을 x-방향으로 하고 표면에 수직한 방향을 y-방향으로 놓는다. 일정밀도와 점성을 가지는 2차원 정상유동이라 가정하고 체적력을 무시할 경우 Navier-Stokes 방정식은 다음과 같이 쓸 수 있다.

x-방향,

$$u\frac{\partial u}{\partial x} + v\frac{\partial u}{\partial y} = -\frac{1}{\rho}\frac{\partial p}{\partial x} + \nu\left(\frac{\partial^2 u}{\partial x^2} + \frac{\partial^2 u}{\partial y^2}\right)$$

y-방향,

$$u\frac{\partial v}{\partial x} + v\frac{\partial v}{\partial y} = -\frac{1}{\rho}\frac{\partial p}{\partial y} + \nu\left(\frac{\partial^2 v}{\partial x^2} + \frac{\partial^2 v}{\partial y^2}\right)$$

$\delta \ll L$ 이므로 $\frac{\partial^2}{\partial x^2} \ll \frac{\partial^2}{\partial y^2}$ 이고 x-방향의 2계미분은 y-방향의 것에 비하면 무시될 수 있다. 연속방정식을 정리하여 v에 대해 적분하면 다음과 같이 v가 구해진다. 여기서 δ 는 경계층의 두께, L 은 물체의 대표길이를 표시한다.

$$v = -\int_0^y \frac{\partial u}{\partial x} dy$$

x-방향 대표속도로서 U, 대표길이로서 L을 취하면

$$\frac{\partial u}{\partial x} \simeq \frac{U}{L}$$

경계층 끝 $y = \delta$ 에서의 v는 다음과 같다.

$$v(x, \delta) \approx U(\frac{\delta}{L})$$

즉

$$\frac{v}{u} \approx \frac{\delta}{L}$$

이 되어 y-방향 운동방정식의 모든 항은 x-방향 운동방정식에서의 대응하는 항보다 δ/L 만큼 작다. 만일 이 값이 충분히 작으면 y-방향의 운동방정식은 간략하게 다음으로 근사될 수 있다.

$$0 \approx \frac{\partial p}{\partial y}$$

즉 압력은 경계층을 가로질러 변하지 않는다. 이것은 경계층이 얇다는 가정에 의한 중요한 결과 중의 하나이다. 또 하나의 중요한 결과는 경계층을 가로지르는 미분이 경계층을 따르는 미분보다 훨씬 크다는 것이다. 이러한 개념을 적절히 적용하면 비압축성유동의 x-방향 경계층방정식의 최종형태는 다음과 같이 된다.

$$u\frac{\partial u}{\partial x}+v\frac{\partial u}{\partial y}=-\frac{1}{\rho}\frac{dp}{dx}+\nu\frac{\partial^2 u}{\partial y^2}$$

이 식은 다음의 연속방정식과 함께 경계층방정식을 형성한다.

$$\frac{\partial u}{\partial x}+\frac{\partial v}{\partial y}=0$$

위 식에서 압력은 오직 x 만의 함수이므로 경계층을 가로 지른 바로 밖에서의 유동에 대한 Bernoulli 방정식으로부터 구할 수 있다.

연습문제

1. 2차원 속도장이 임의의 단위로 다음과 같이 주어진다.

$$V = (x^2 - y^2 + x)i - (2xy + y)j$$

$(x, y) = (1, 2)$에서
(a)가속도 a_x와 a_y, $(b)\,\theta = 40°$ 방향의 속도성분,
(c)최대속도의 방향, (d)최대가속도의 방향을 계산하여라.

2. 2차원 속도장이 다음과 같이 주어진다.

$$u = -\frac{Ky}{x^2 + y^2} \qquad v = \frac{Kx}{x^2 + y^2}$$

여기서 K는 상수이다. 이 속도장은 비압축성 연속방정식을 만족하는가? 이 유동은 무엇을 나타내는가?

3. 속도성분이 $u = x^3 + 2z^2,$ $w = y^3 - 2yz$ 로 주어지는 비압축성 정상유동이 있다. 연속성을 만족시키는 세 번째 성분 $v\,(x, y, z)$의 가장 일반적인 형태는 무엇인가?

4. 평행 평판 사이의 층류유동에 대한 속도분포가 다음 식으로 주어진다.

$$\frac{u}{u_{\max}} = 1 - (\frac{2y}{h})^2$$

여기서 h는 평판 사이의 간격이고, 원점은 평판 사이의 중간에 위치해 있다. 최대 속도가 0.05 m/s 이고, h=5 mm 인 15℃의 물의 유동을 고려하자. 아래 평판의 0.3 m^2인 단면적에 작용하는 힘을 계산하고 그 힘의 작용방향을 표시하라.

5. 아이스 스케이트가 얼음 표면과 어떻게 상호작용하는지 설명하라. 어떤 기구가 스케이트와 얼음 간의 미끄럼 마찰을 줄이는 데 작용하는가?

6. 질량 M의 블록이 얇은 기름막 위에서 미끄러진다. 막의 두께는 h이고 블록의 면적은 A이다. 그림과 같이 놓아두면 질량 m은 코드(cord)에 인장력을 작용하고 그 블록을 가속시킨다. 풀리(pulley)의 마찰과 공기저항은 무시한다. 블록이 속도 V로 움직일 때 그 블록에 작용하는 점성력에 대한 대수식을 유도하라. 블록속도를 시간의 함수로 나타내는 미분방정식을 유도하라. 블록의 속도를 시간의 함수로 구하라. V(t)에 대한 곡선은 스케치하라.

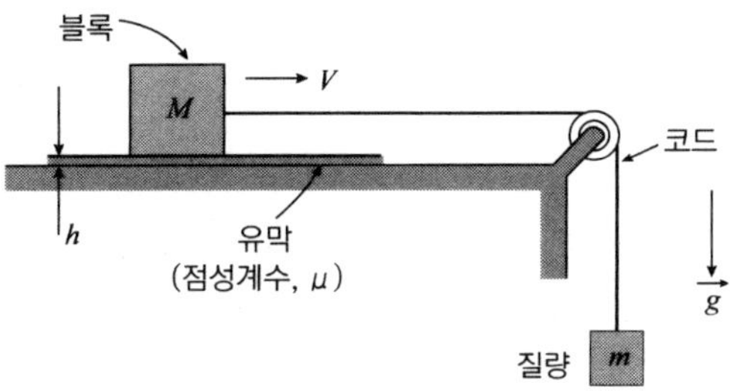

7. 한 변이 0.2 m이고, 질량이 2 kg인 정사각형 블록이 수평 아래로 30° 경사진 매끄러운 경사면을 미끄러져 내려간다. 경사면 위에는 20℃의 SAE 30 기름막이 0.02 mm 두께로 덮여있다. 만일 그 블록을 t=0일 때 정지상태로부터 놓는다면, 초기 가속도는 얼마인가? 블록의 속도에 대한 식을 시간의 함수로 유도하라. 시간에 따라 변화하는 블록의 기대속도를 스케치하라. 만일 기름막이 제거된 후 그 경사면을 미끄러져 내려간다면, 그 블록의 기대되는 속도는 기름막이 있는 경우의 종말속도 (terminal velocity)부다 클까? 혹은 작을까? 그 이유는 무엇인가?

8. 다음 식들의 집합 중 2차원 비압축성 유동이 가능한 표현은 어느 것인가?

$(a)\, u = x+y;\ v = x-y$ $(b)\, u = x+2y;\ v = x^2-y^2$

$(c)\, u = 4x+y;\ v = x-y^2$ $(d)\, u = xt+2y;\ v = x^2-yt^2$

$(e)\, u = xt^2;\ v = xyt+y^2$

9. 다음 식들의 집합 중 3차원 비압축성 유동이 가능한 표현은 어느 것인가?

$(a)\, u = x+y+z^2;\ v = x-y+z;\ w = 2xy+y^2+4$

$(b)\, u = xyzt;\ v = -xyzt^2;\ w = (z^2/2)(xt^2-yt)$

$(c)\, u = y^2+2xz;\ v = -2yz+x^2yz;\ w = \frac{1}{2}x^2z^2+x^3y^4$

10. xy평면에서 비압축성, 정상유동장에서 속도의 x성분은 $u = A/x,\ A = 2\ m^2/s$이고, x의 단위는 미터이다. 이 유동장에 대한 가장 간단한 y성분 속도를 구하라.

11. xy평면에서 정상 비압축성 유동장에 대한 y성분 속도는 $u = Ay/x^{2,}$ $A = 2m^2/s$ 이고, x와y의 단위는 미터이다. 이 유동장에 대한 가장 간단한 x성분 속도를 찾아라.

12. 비압축성 층류 경계층 내의 x 성분 속도에 대한 유용한 근사적인 표현은 u=0인 표현 (y=0)으로부터 자유유동속도 U인 경계층 가장자리($y = \delta$)까지 포물선형으로 변한다. 속도형상에 대한 식은 $u/U = 2(y/\delta) - (y/\delta)^2$이며, $\delta = cx^{1/2}$이고 c는 상수이다. 가장 간단한 y성분의 속도가

$$\frac{v}{U} = \frac{\delta}{x}[\frac{1}{2}(\frac{y}{\delta})^2 - \frac{1}{3}(\frac{y}{\delta})^3]$$

임을 증명하라. v/U의 최대값에 대한 식을 구하라. x=0.5m, δ=5mm인 곳에서 v/U의 최대값을 계산하라.

13. 다음 식들의 집합 중 비압축성 유동이 가능한 표현은 어느 것인가?
(a) $V_r = U\cos\theta;\ V_\theta = -Usin\theta$
(b) $V_r = -q/2\pi r;\ V_\theta = K/2\pi r$
(a) $V_r = U\cos\theta[1-(a/r)^2];\ V_\theta = -Usin\theta[1+(a/r)^2]$

14. 속도 성분들이 $u = 0,\ v = -y^3 - 4z,\ w = 3y^3 z$ 인 유동을 고려하자.
(a) 이 유동은 몇 차원 유동인가?
(b) 이 유동이 비압축성인지 압축성인지를 판별하라.

15. 물의 수평유동에 대한 유동장은 $\overrightarrow{V} = (Ax + Bt)\hat{i} + (-Ay + Bt)\hat{j}$ 로 기술된다. 여기서 $A = 10s^{-1,}$ $b = 5\ m \cdot s^{-2}$이며, x와 y는 m단위이고, t는 s 단위이다. t=10초일 때 점 (x,y) = (1.5)에서 유체입자의 가속도를 계산하라. 동일 조건하에서 $\partial p / \partial x$ 를 계산하라.

16. 비압축성 유동장에서 속도의 x성분은 u=Ax로 주어진다. 여기서 $A = 2s^{-1}$이고, 좌표들의 단위는 m로 측정된다. 점(x,y)=(1,2)에서 압력은 190 kPa이다. 밀도는 1.50 kg/m^3이고, z축은 수직이다. 가장 간단한 y성분의 속도를 구하라. 점 (x,y)=(2,1)에서 유체의 가속도를 계산하고 압력구배를 구하라. 양의 x방향을 따르는 압력분포를 구하라.

17. 무한한 크기의 고정된 평행 평판 사이를 비압축성 유체가 흐른다. 이 때 속도형상은 $u = u_{\max}(Ay^2 + By + C)$이다. 따라서 A,B,C는 상수이고, y는 간격의 중심에서부터 측정된 거리이고, 전체 간격의 폭은 h단위이다. 적절한 경계조건을 이용하여 h의 항으로 상수의 크기와 단위를 나타내어라. 단위깊이당 체적유량에 관한 식을 유도하고 $\overline{V}/u_{\max}$를 계산하라.

18. $U = 2\ m/s$로 위 평판이 움직이는 평행 평판 사이의 완전히 발달된 유동을 고려해 보자. 판 사이의 간격은 a=2.5 mm이다. 압력구배가 0인 경우에 단위 깊이에 대한 유량을 구하라. 유체가 공기일 때, 아래 판에서의 전단응력을 구하고, 압력구배가 0인 경우에 대하여 단면에서의 전단응력분포를 그림으로 그려라. 만약 역압력구배라면, 유량은 증가겠는가 혹은 감소되겠는가? y=0.25a에서의 전단응력이 0이 되도록 하는 압력구배를 구하라. 이 경우에 대하여 채널을 가로지르는 단면에서의 전단응력분포를 그림으로 그려라.

5장
열전달
(Heat Transfer)

열전달은 서로 다른 온도를 가진 물체 사이에서 일어나는 에너지 이동현상을 다루는 학문이다. 열역학에서는 이러한 에너지로서의 열을 총량적으로만 다루고 있는 반면 열전달에서는 이러한 열의 전달 방식이나 전달 속도 즉 전달률에 중점을 두고 있다. 열역학은 평형상태만을 다루고 있으며 하나의 평형상태에서 또 다른 평형상태로 변화하는 과정에서 필요한 에너지량을 예측한다. 그러나 평형상태간의 변화과정은 수많은 준평형 과정들로 구성되며 이러한 준평형 과정 간에 발생하는 열에너지의 전달방식이나 전달률을 다룸으로써 상태변화의 속도를 알 수 있게 해주는 학문이 바로 열전달이다.

열을 전달하는 메카니즘에는 전도, 대류 및 열복사 등이 있다. 전도(conduction) 열전달은 매질(medium) 속에서 두 지점 간 온도 포텐셜이 존재할 때 고온영역으로부터 저온영역으로 열에너지가 이동하는 현상이다. 이 때 열에너지를 구동시키는 것은 고온이 될수록 더욱 활발해지는 매질의 분자운동이다. 이와 같이 고온영역에서 상대적으로 활발한 분자운동이 점차 저온영역으로 전파되면서 저온영역의 분자운동을 더 크게 만들어주게 되고 결국 온도를 상승시키게 된다. 이와 같이 전도열전달에는 반드시 매질이 필요하다. 대류(convection) 열전달은 매질의 존재는 물론이고 순수한 전도 열전달에 매질의 이동(유동)이 추가된 열전달 메카니즘이다. 매질내에서 열이 전달되는 현상은 전도와 동일하나 매질이 유동을 하기 때문에 공간상의 어느 지점에서 볼 때에는 전도에 의해 전달된 열에너지 이외에 유동에 의해 매질이 가지고 출입하는 열에너지가 추가되는 것이다. 따라서 대류열전달을 해석한다는 것은 전도열전달과 유체유동을 동시에 고려함을 말한다. 이상의 두 가지 열전달 메카니즘과는 다르게 열복사 (thermal radiation)에서는 절대온도 0 K 이상인 모든 표면에서 발생하여 진공에서도 전파되는 전자기파(electromagnetic wave)에 의한 에너지 교환을 다루기 때문에 두 지점 간에 매질이 필요하지 않다. 이러한 전자기파에 의한 열복사 에너지는 복사표면 절대온도의 4제곱에 비례한다.

실제 자연현상에서는 이러한 세 가지 열전달 방식이 한 가지씩 따로 발생하지 않고 두 가지 또는 세 가지 모두가 동시에 발생하는 것이 일반적이다. 따라서 열전달 문제의 해석에 있어서는 이러한 동시 다발적인 것들을 고려해야 하며 이 경우에는 해석적으로 풀어내기가 매우 힘든 경우가 많다. 공학에서는 실제로 풀어낼 수 있는 근사적인 해도 매우 중요시하므로 해석해 또는 엄밀해(analytic solution)에만 의존하지 않고 수치해법(numerical methods)에 의한 해(numerical solution)도 많이 이용하고 있다.

5.1 전도열전달

매질 내의 고온영역으로부터 저온영역으로 전도에 의해 열이 전달될 때 단위면적을 통해서 전달되는 열전달률(heat transfer rate)은 다음과 같이 표현된다. 여기서 열전달률은 단위시간에 단위면적을 통해 전달되는 열량을 말한다.

$$q_x \sim A\frac{\partial T}{\partial x} \tag{5.1}$$

위 식에 비례상수를 사용하여 등식으로 바꾸면 다음과 같은 식을 얻게 된다.

$$q_x = -kA\frac{\partial T}{\partial x} \tag{5.2}$$

여기서 q_x 는 x-방향으로의 열전달률, k는 물질의 열전도율(thermal conductivity), $\frac{\partial T}{\partial x}$는 x-방향으로의 온도 구배, A는 열이 전달되는 단면적을 의미하며 −부호는 열전달방향과 온도구배가 방향이 서로 다른 것을 일치시켜 주기 위한 것으로서 열역학 제2법칙을 따르고 있다. 이 식은 전도 열전달률을 계산하는데 가장 기초가 되는 식으로서 프랑스의 수리물리학자 Joseph Fourier의 이름을 따서 Fourier 법칙이라 부른다. 한 가지 특기할 사항은 열전도율이 물질 고유의 물성(property)이며 $W/m^\circ C$의 단위를 가진다는 것이다.

x-,y-,z- 방향으로 각각 dx, dy, dz 의 미소길이를 가지는 미소체적에 에너지보존법칙과 Fourier 법칙을 적용하여 정리하면 온도에 관한 일반적인 전도방정식을 유도할 수 있게 되는데 이 방정식을 풀면 임의의 검사체적에 대한 온도장(temperature field)을 구할 수 있다.

예를 들어 그림 5.1에 표시한 1차원적인 미소 검사체적에 유입되는 열량을 q_x, 유출되는 열량을 q_{x+dx}, 검사체적 내에서 발생되는 열량을 q_g라고 하면 열역학 제1법칙에 의해 순에너지 유입률은 내부에너지증가율과 동일하므로 이를 식으로 쓰면 다음과 같다.

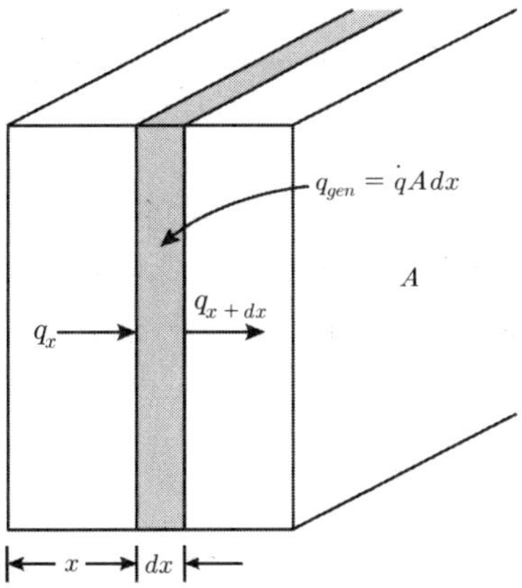

그림 5.1 1차원 전도해석을 위한 체적요소

$$-kA\frac{\partial T}{\partial x} + \dot{q}Adx = \rho cA\frac{\partial T}{\partial \tau} - A\left[k\frac{\partial T}{\partial x} + \frac{\partial}{\partial x}\left(k\frac{\partial T}{\partial x}\right)dx\right] \tag{5.3}$$

여기서 좌측 첫 번째 항은 검사체적의 좌측으로부터 유입되는 열전달률, 두 번째 항은 검사체적내에서 단위시간동안 발열되는 열량이고 우측 첫 번째 항은 검사체적의 내부에너지 증가율, 두 번째 항은 검사체적의 우측으로 유출되는 열전달률을 나타내고 있다. 위 식은 아래와 같이 정리할 수 있다.

$$\frac{\partial}{\partial x}\left(k\frac{\partial T}{\partial x}\right) + \dot{q} = \rho c\frac{\partial T}{\partial \tau} \tag{5.4}$$

위 식은 내부발열이 있는 1차원 비정상 열전도방정식인데 이를 3차원으로 확장시켜 정리하면 다음과 같은 식이 된다.

$$k\frac{\partial^2 T}{\partial x^2} + k\frac{\partial^2 T}{\partial y^2} + k\frac{\partial^2 T}{\partial z^2} + \dot{q} = \rho c\frac{\partial T}{\partial \tau} \tag{5.5}$$

열전도율 k가 상수일 경우에는 위식을 정리하고 열확산계수 $\alpha = \dfrac{k}{\rho c}$ 를 사용하여 다음과 같은 열전도방정식을 얻게 된다.

$$\frac{\partial^2 T}{\partial x^2} + \frac{\partial^2 T}{\partial y^2} + \frac{\partial^2 T}{\partial z^2} + \frac{\dot{q}}{k} = \alpha\frac{\partial T}{\partial \tau} \tag{5.6}$$

이상의 방정식은 직교좌표계(rectangular coordinates)에서만 적용되며 원통좌표계(cylindrical coordinates)나 구면좌표계(spherical coordinates)의 식을 사용하는 것이 편리할 경우도 있다. 이들에 관한 식은 다음과 같다.

원통좌표계:

$$\frac{\partial^2 T}{\partial r^2} + \frac{1}{r}\frac{\partial T}{\partial r} + \frac{1}{r^2}\frac{\partial^2 T}{\partial \phi^2} + \frac{\partial^2 T}{\partial z^2} + \frac{\dot{q}}{k} = \frac{1}{\alpha}\frac{\partial T}{\partial \tau} \tag{5.7}$$

구면좌표계:

$$\frac{1}{r}\frac{\partial^2}{\partial r^2}(rT) + \frac{1}{r^2 \sin\theta}\frac{\partial}{\partial \theta}\left(\sin\theta\frac{\partial T}{\partial \theta}\right) + \frac{1}{r^2 \sin^2\theta}\frac{\partial^2 T}{\partial \phi^2} + \frac{\dot{q}}{k} = \frac{1}{\alpha}\frac{\partial T}{\partial \tau} \tag{5.8}$$

이상의 열전도방정식을 사용할 때 정상상태일 경우 우변의 비정상항 ($\frac{1}{\alpha}\frac{\partial T}{\partial \tau}$)을, 내부발열이 없을 경우에는 좌변의 마지막항인 발열항 ($\frac{\dot{q}}{k}$) 을 각각 0으로 놓으면 된다.

5.1.1 정상상태의 1차원 열전도

두께와 재질이 다른 세 가지 재료를 이용하여 만든 벽면을 생각해보자. 이 때 양쪽 벽면의 온도가 주어지고 재료의 두께 및 물성을 알고 있다면 벽면을 가로지르는 전도 열전달률 q는 벽단면 어느 곳에서나 동일하므로 다음과 같이 나타낼 수 있다.

$$q = -k_A A\frac{T_2 - T_1}{\Delta x_A} = -k_B A\frac{T_3 - T_2}{\Delta x_B} = -k_C A\frac{T_4 - T_3}{\Delta x_C} \tag{5.9}$$

위 식을 연립하여 풀면 다음의 식을 얻게 된다.

$$q = \frac{T_1 - T_4}{\Delta x_A/k_A A + \Delta x_B/k_B A + \Delta x_C/k_C A} \tag{5.10}$$

위 식은 열유동률이 온도포텐셜의 차를 열저항으로 나눈 것과 같다는 것을 보여주고 있는데 이는 전류가 전위차를 저항으로 나눈 것과 같다는 것과 유사하므로 이들을 상사시키면 전류는 열유동률, 전위차는 온도포텐셜의 차, 저항은 열저항과 각각 대응하게 된다. 위 식에서 분모에 있는 항들은 각각 두께와 재질이 다른 복합벽의 한 층이 가지는 열저항을 나타내고 있으며 세 개의 열저항이 직렬로 연결된 합성저항을 만들게 된다. 다음 그림을 보면 쉽게 이해할 수가 있을 것이다.

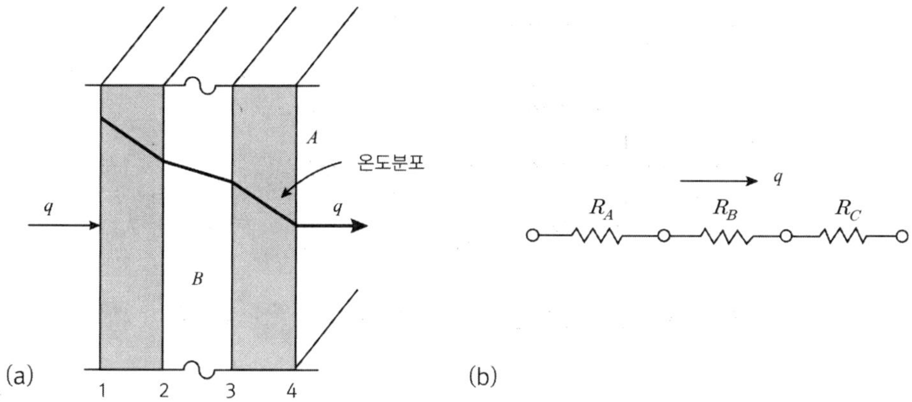

그림 5.2 1차원 복합 평면벽을 직렬로 통과하는 열전달 회로망

고체 내에서의 열저항은 직교좌표일 경우 다음과 같다.

$$R_{th} = \Delta x/kA \tag{5.11}$$

원통좌표계에서 내경과 외경을 각각 r_i ,r_o 길이를 L 이라할 경우

$$R_{th} = \frac{\ln(r_o/r_i)}{2\pi kL} \tag{5.12}$$

이 되며 여러 재질이 중첩된 벽면 또는 이에 준하는 구조물에 대해서 이들 열저항을 직렬 또는 병렬로 연결하여 전기회로에 흐르는 전류 값을 구하듯 열유동 값을 구할 수 있다. 아래 그림들은 그러한 예를 보여주는 몇 가지 경우이다.

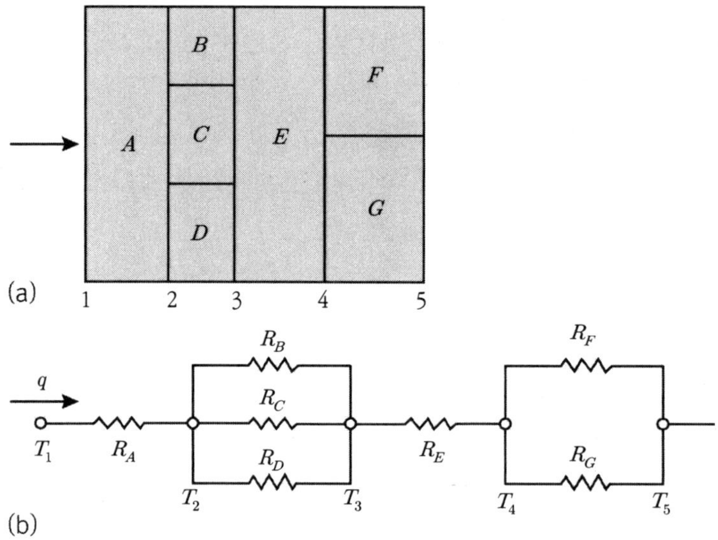

그림 5.3 1차원 복합 평면벽을 직렬과 병렬로 통과하는 열전달 회로망

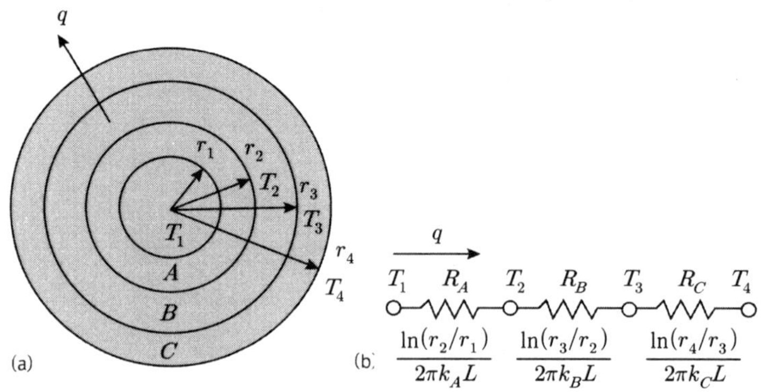

그림 5.4 복합 원통벽에서의 1차원 열전달 회로망

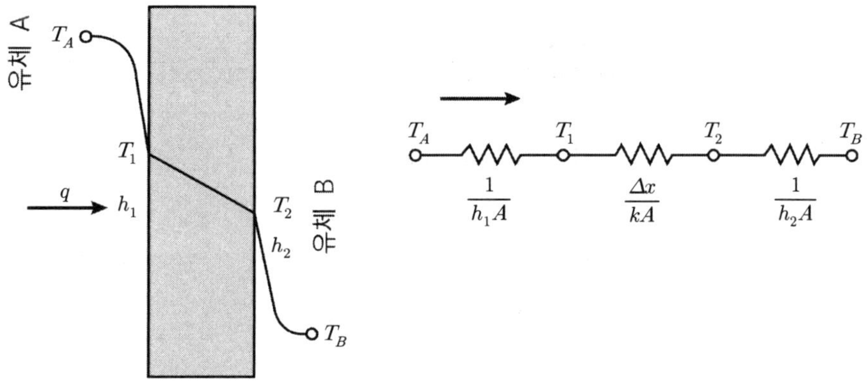

그림 5.5 양쪽 표면에 대류조건이 부가된 벽면에 대한 1차원 열전달 회로망

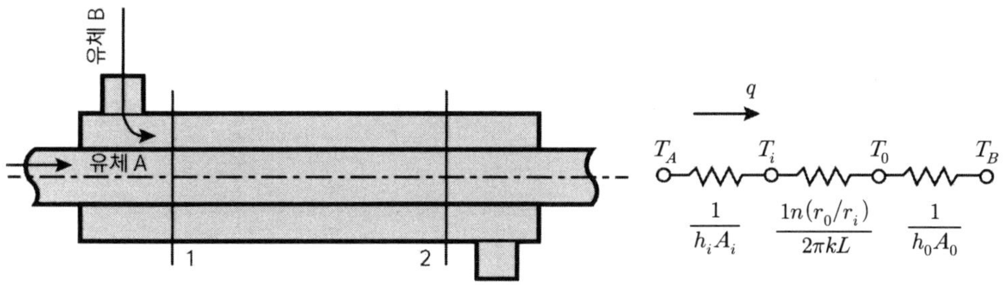

그림 5.6 대류조건이 부가된 중공원통의 1차원 열전달 회로망

예제 5.1 복합벽 전도

어떤 건물의 외벽이 4 in 두께의 벽돌($k = 0.7 \ W/m \cdot ℃$)로 되어 있고 벽돌의 안쪽에 1.5 in의 석고반죽($k = 0.4 \ W/m \cdot ℃$)을 입혔다. 이 견물의 벽을 통한 열손실을 80% 감소시키기 위하여 벽에 암면(巖綿, rock-wool, $k = 0.065 \ W/m \cdot ℃$)을 붙이려고 한다. 암면의 두께를 얼마로 하여야 되는가?

풀이 총열손실은 다음 식으로 나타낼 수 있다.

$$q = \frac{\Delta T}{\Sigma R_{th}}$$

암면으로 붙였을 때의 열손실은 붙이지 않았을 때의 열손실의 20%가 되어야 하므로

$$\frac{\text{단열재가 있을 때의 } q}{\text{단열재가 없을 때의 } q} = \frac{\Sigma\text{단열재가 없을 때의 } R_{th}}{\Sigma\text{단열재가 있을 때의 } R_{th}}$$

이고, 단위면적에 대하여 벽돌과 석고에 대한 열저항은 다음과 같다.

$$R_b = \frac{\Delta x}{k} = \frac{(4)(0.0254)}{0.7} = 0.145 m^2 \cdot ℃ / W$$

$$R_p = \frac{\Delta x}{k} = \frac{(1.5)(0.0254)}{0.48} = 0.079 m^2 \cdot ℃ / W$$

그러므로 단열재가 없을 때의 열저항은

$$R = 0.145 + 0.079 = 0.224 m^2 \cdot ℃ / W$$

이며, 따라서 단열재가 있을 때는 다음과 같다.

$$R = \frac{0.224}{0.2} = 1.122 m^2 \cdot ℃ / W$$

이 값은 벽돌과 석고의 열저항에 단열재의 열저항값을 합한 값으로

$$1.122 = 0.224 + R_{rw}$$

$$R_{rw} = 0.898 = \frac{\Delta x}{k} = \frac{\Delta x}{0.065}$$

그러므로 $\Delta x_{rw} = 0.0584 m = 2.30$ in

5.1.2 2차원 정상상태 전도의 수치적 해석

내부발열을 포함한 2차원 정상상태 전도방정식은 다음과 같다.

$$\frac{\partial^2 T}{\partial x^2} + \frac{\partial^2 T}{\partial y^2} + \frac{\dot{q}}{k} = 0 \qquad (5.13)$$

위의 미분방정식을 수치적으로 해석하기 위해서는 그림 5.7에 나타내는 기호를 사용하여 차분방정식을 만들어야 한다.

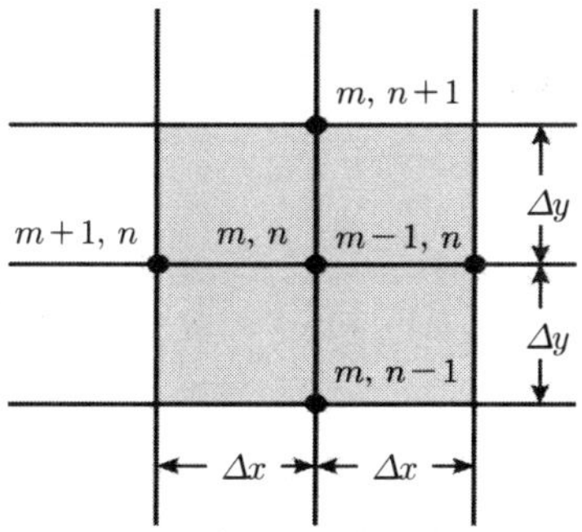

그림 5.7 2차원 열전도
수치해석을 위한 기호 설정

식 (5.13)을 토대로 하여 그림 상의 내부 절점 (m,n)에 대해 유한 차분에 의한 근사식을 만들면 다음과 같은 차분방정식이 나온다.

$$\frac{T_{m+1,n} + T_{m-1,n} - 2T_{m,n}}{(\Delta x^2)} + \frac{T_{m,n+1} + T_{m,n-1} - 2T_{m,n}}{(\Delta y^2)} + \frac{\dot{q}}{k} = 0 \quad (5.14)$$

$\Delta x = \Delta y$ 일 경우 위 식은 다음과 같이 정리된다.

$$T_{m+1,n} + T_{m-1,n} + T_{m,n+1} + T_{m,n-1} + \frac{\dot{q}\Delta x^2}{k} - 4T_{m,n} = 0 \qquad (5.15)$$

이와 같은 차분방정식을 모든 절점에 대해 수립할 수 있으므로 이를 경계조건과 더불어 연립하여 풀게 되면 모든 절점에서 온도 값을 계산해낼 수가 있다. 이 때 절점의 수가 많게 되면 수작업으로 연립방정식을 풀기 어렵기 때문에 컴퓨터를 활용하게 된다. 경계상의 절점에서는 에너지평형을 이용하여 위와는 다른 별도의 차분방정식을 세워줘야 한다. 그림 5.8 - 5.9는 대류경계조건이 작용하는 벽면과 코너에 적용하는 절점방식에 관한 기호를 보여주고 있다.

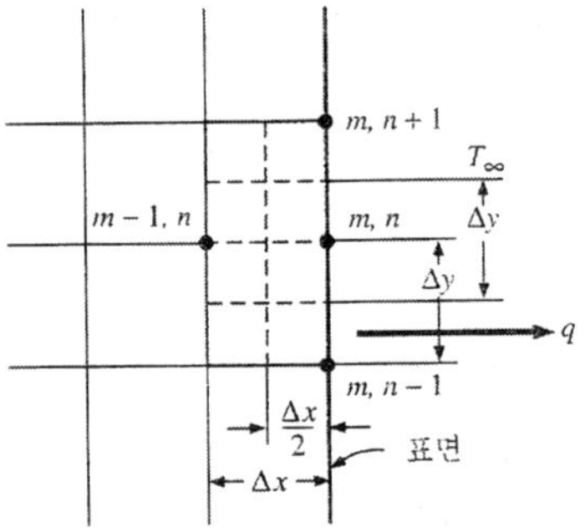

그림 5.8 대류경계 조건상의 벽면 절점기호

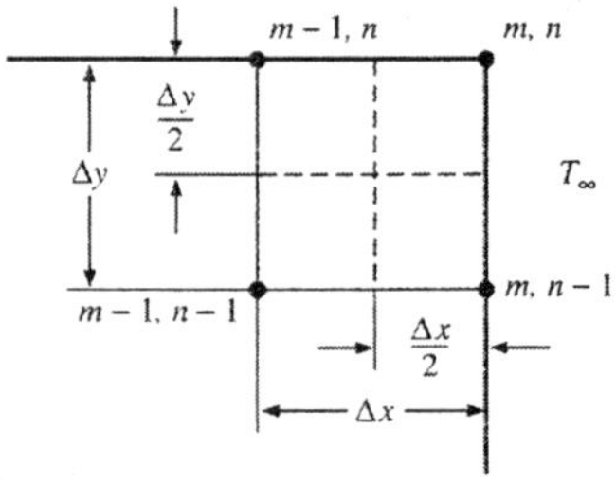

그림 5.9 대류경계 조건상의 코너 절점기호

5.1.3 2차원 비정상상태 전도의 수치적 해석

내부발열이 없는 2차원 비정상상태를 가정할 때 전도방정식은 다음과 같다.

$$\frac{\partial^2 T}{\partial x^2} + \frac{\partial^2 T}{\partial y^2} = \frac{1}{\alpha}\frac{\partial T}{\partial \tau} \tag{5.16}$$

앞에서와 같은 방식으로 차분방정식을 만들면 다음과 같이 되는데 이 식에는 시간에 대한 증분이 상첨자 p와 p+1로 고려되어 있다.

$$\frac{T^p_{m+1,n} + T^p_{m-1,n} - 2T^p_{m,n}}{(\Delta x)^2} + \frac{T^p_{m,n+1} + T^p_{m,n-1} - 2T^p_{m,n}}{(\Delta y)^2} = \frac{1}{\alpha}\frac{T^{p+1}_{m,n} - T^p_{m,n}}{\Delta \tau} \tag{5.17}$$

$\Delta x = \Delta y$ 일 경우 위 식은 다음과 같이 정리된다.

$$T^{p+1}_{m,n} = \frac{\alpha \Delta \tau}{(\Delta x)^2}\left(T^p_{m+1,n} + T^p_{m-1,n} + T^p_{m,n+1} + T^p_{m,n-1}\right) + \left[1 - \frac{4\alpha\Delta\tau}{(\Delta x)^2}\right]T^p_{m,n} \tag{5.18}$$

이 식은 p+1시점에서 절점(m,n)의 온도가 p시점(현재)의 네 개의 주변 절점온도와 자신의 온도에 의존하는 것을 보여주고 있다. 여기서 $\frac{(\Delta x)^2}{\alpha\Delta\tau}$의 값이 4가 되도록 조정할 수 있다면 p+1(미래) 시점에서 절점(m,n)의 온도 값은 p시점에서의 주변 절점 4개 온도 값의 평균이 된다. 이 때 공간증분 Δx의 값이 일단 고정되면 시간 증분 $\Delta\tau$의 값도 고정된다. Δx와 $\Delta\tau$의 값이 클수록 그만큼 계산 시간은 짧아지나 정확도는 떨어지게 된다. 이들 값이 작을수록 계산의 정확도는 올라가지만 계산시간이 길어지게 된다. 열역학 제2법칙에 역행하지 않고 위의 식이 제대로 계산되기 위해서는 $\frac{(\Delta x)^2}{\alpha\Delta\tau}$값이 4 또는 그보다 큰 수가 되어야하기 때문에 계산시간을 줄이고자 시간증분을 임의로 크게 할 수도 없다. 위의 절점방정식은 경계에서 에너지평형을 이용한 방정식들과 함께 연립하여 영역 내 모든 절점에서의 시간에 따른 온도를 구할 수 있다. 이와 같이 p시점의 값들을 가지고 p+1시점의 값을 구하는 방법을 explicit formulation이라 부른다. 이러한 방법은 미분방정식을 전진차분식(forward difference formulation)으로 표현하여 나온 절점 방정식이다. 전진차분이란 현재시점 p의 온도를 토대로 미래시점 p+1의 온도를 표현하는 방식이다. 이에 반해 후진 차분식(backward-difference formulation)은 미래시점 p+1의 온도를 토대로 현재시점 p의 온도를 표현하는 방식이므로 주위를 둘러싼 절점에서는 p+1시점의 값을 사용하고 자신만 p시점의 온도를 이용해서 절점 방정식을 만들어주고 이들을 동시에 연립하여 해를 구하게 된다. 이러한 방법을 implicit formulation이라 부른다.

예제 5.2 9절점 문제

그림의 정4각형을 생각해 보자. 왼쪽면과 윗면은 100℃와 500℃로 유지되고 다른 두 면은 100℃ 유체에 노출되어 있다.

$$h = 10\ W/m^2\cdot ℃, \quad k = 10\ W/m\cdot ℃$$

정 4각형의 크기가 1 m×1 m 일 때 그림에 표시한 각 절점에서의 온도와 경계면에서의 열흐름을 계산하라.

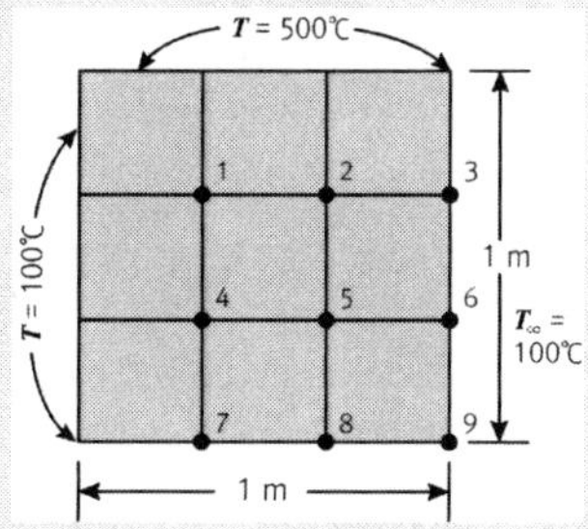

풀이 절점 1, 2, 4 및 5에 대한 절점방정식은

$$T_{m+1,n} + T_{m-1,n} + T_{m,n+1} - 4T_{m,n} = 0$$

$$\frac{h\Delta x}{k} = \frac{(10)(1)}{(3)(10)} = \frac{1}{3}$$

따라서, 절점 3과 6에 대한 절점방정식은

$$2T_2 + T_6 + 567 - 4.67T_3 = 0$$

$$2T_5 + T_3 + T_9 + 67 - 6.67T_6 = 0$$

절점 7과 8에서는

$$2T_4 + T_8 + 167 - 4.67T_7 = 0$$

$$2T_5 + T_7 + T_9 + 67 - 4.67T_8 = 0$$

절점 9에 대해서는

$$T_6 + T_8 + 67 - 2.67T_9 = 0$$

절점	온도, ℃
1	280.67
2	330.30
3	309.38
4	192.38
5	231.15
6	217.19
7	157.70
8	184.71
9	175.62

5.2 대류열전달

대류열전달이 전도열전달과 다른 점은 매질이 유체라는 점이다. 대류열전달은 유체내부에서의 열전달도 다루지만 공학적인 용도에서 볼 때 대부분 고체와 유체사이의 열전달을 다룬다. 유체에 의한 고체표면의 냉각 또는 가열 등이 좋은 예이다. 이 경우 유체의 유동현상에 따라 고체로의 열전달이 활발하기도 하고 그렇지 않을 수도 있다. 고체표면의 온도와 주위 유체의 온도가 일정하게 설정된다 하더라도 유동상태가 고체표면의 열전달률을 결정하게 된다. 선풍기를 틀었을 때 미풍일 때와 강풍일 때 우리가 느끼는 시원함의 정도가 다른 것도 이 때문이다. 대류열전달의 효과는 다음과 같은 Newton의 냉각법칙(Newton's Law of Cooling)에 의해 표현된다.

$$q = hA(T_w - T_\infty) \tag{5.19}$$

여기서 q는 열전달률, T_w는 고체벽면온도, T_∞는 유체 열경계층 밖의 온도를 나타낸다. 여기서 사용되는 계수 h는 대류열전달계수(convective heat transfer coefficient) 또는 열전달계수(heat transfer coefficient)라고 불리며 유체의 유동상태 및 물성 등에 의해 구해지는 계수이다. Newton의 냉각법칙을 볼 때 벽면으로부터의 열전달률은 h만 구해지면 쉽게 계산될 수 있지만 이 계수를 해석적으로 구하는 데에는 많은 제약이 따르고 있으며 수많은 실험을 통해 얻어진 실험결과에 의한 경험식을 사용하는 것이 일반적이다. 그러나 층류유동에 의한 대류열전달에 대해서는 열전달계수를 해석적으로 구할 수 있다.

대류열전달에서 열유동을 전류에 비유하여 열저항을 구하려할 때 위 식을 다음과 같이 정돈하면 쉽게 이해가 될 것이다.

$$q = \frac{T_w - T_\infty}{\dfrac{1}{hA}} \qquad \left(\text{비교: } i = \frac{V}{R} \right) \tag{5.20}$$

여기서 온도 포텐셜의 차 ΔT는 $T_w - T_\infty$이고 열저항 R_{th}는 $\dfrac{1}{hA}$이다.

열교환장치의 경우 금속으로 이루어진 벽을 사이에 두고 한 쪽에는 뜨거운 유체 다른 쪽에는 차가운 유체가 유동한다. 이 경우 두 유체 사이에 존재하는 저항은 양쪽 벽면에서의 대류열저항과 벽면내부의 전도열저항의 합으로 나타난다. 물론 벽면이 여러 층(multi-layer)으로 이루어진 복합벽일 경우 각 층에서의 전도열저항을 모두 합해야 한다. 벽이 하나의 재질로 이루어질 때 벽을 통과하여 양쪽 유체 간에 교환되는 총괄열전달은 다음과 같다.

$$q = \frac{T_A - T_B}{1/h_1 A + \Delta x/kA + 1/h_2 A} \tag{5.21}$$

여기서 T_A 와 T_B 는 각각 양쪽 유체의 온도를 나타내고 h_1 과 h_2 는 양쪽 벽면에서의 대류열전달계수를 나타낸다. 이 때의 총괄열전달을 총괄열전달계수(overall heat transfer coefficient) U 를 이용해서 나타내면

$$q = UA\Delta T_{tot} \tag{5.22}$$

이 되며 이 때 총괄열전달계수 U는 다음과 같이 쓸 수 있다.

$$U = \frac{1}{1/h_1 + \Delta x/k + 1/h_2} \tag{5.23}$$

외경이 r_o 내경이 r_i 인 중공원형관(hollow cylinder)의 총괄열전달은

$$q = \frac{T_A - T_B}{\dfrac{1}{h_i A_i} + \dfrac{\ln(r_o/r_i)}{2\pi kL} + \dfrac{1}{h_o A_o}} \tag{5.24}$$

이고 이 때의 총괄열전달계수 U는 내부표면을 기준으로 할 때의 U_i, 외부표면을 기준으로 할 때의 U_o 에 대해서 각각 다음과 같이 쓸 수 있다.

$$U_i = \frac{1}{\dfrac{1}{h_i} + \dfrac{A_i \ln(r_o/r_i)}{2\pi kL} + \dfrac{1}{h_o}} \quad \text{및} \quad U_o = \frac{1}{\dfrac{A_o}{A_i}\dfrac{1}{h_i} + \dfrac{A_o \ln(r_o/r_i)}{2\pi kL} + \dfrac{1}{h_o}} \tag{5.25}$$

중공원형관은 다수의 열교환 장치에 쓰이고 있어 매우 중요하다.

예제 5.3 원통에서의 총괄열전달계수

내부지름이 2.5 ㎝인 원통 안에 50℃의 물이 흐르고, 이 때 대류열전달계수 $h_i = 3500\ W/m^2\cdot℃$ 이다. 원통의 벽은 두께가 0.8 ㎜이고 열전도계수는 16 $W/m\cdot℃$ 이다. 원통의 외부는 $h_o = 7.7\ W/m^2\cdot℃$ 인 자연대류에 의하여 열손실이 발생한다. 총괄열전달계수 및 단위길이당 열손실을 구하라. 단, 원통 주위 공기의 온도는 20℃이다.

풀이 이 문제에서는 식(2-14)에서 설명한 바와 같이 연속적으로 세 개의 저항을 생각할 수 있다.

$$L = 1.0\ m, \quad d_i = 0.025\ m, \quad d_o = 0.025 + (2)(0.008) = 0.0266\ m$$

이므로 저항은 다음 식과 같이 구할 수 있다.

$$R_i = \frac{1}{h_i A_i} = \frac{1}{(3500)\pi(0.025)(1.0)} = 0.00364℃/W$$

$$R_t = \frac{1n(d_o/d_i)}{2\pi kL} = \frac{1n(0.0266/0.025)}{2\pi(16)(1.0)} = 0.00062℃/W$$

$$R_o = \frac{1}{h_o A_o} = \frac{1}{(7.6)\pi(0.0266)(1.0)} = 1.575℃/W$$

R_O의 값이 다른 값에 비하여 매우 큰 것은 원통 외부의 대류열저항이 매우 큰 것을 의미한다. 이것은 상대적으로 다른 저항들(연속적으로)이 무시될 수 있기 때문에 총열전달을 지배하는 저항이라는 의미도 된다. 따라서

총괄열전달계수는 원통벽 바깥면의 면적에 대하여 구한다.

$$q = \frac{\Delta T}{\Sigma R} = UA_o \Delta T \qquad \text{(a)}$$

$$U_o = \frac{1}{A_o \Sigma R} = \frac{1}{[\pi(0.0266)(1.0)](0.00364 + 0.00062 + 1.575)}$$

$$= 7.577\, W/m^2 \cdot ℃$$

이 값은 원통 외부의 대류열전달계수 $h_o = 7.7\ W/m^2 \cdot ℃$ 와 거의 같다. 식 (a)로부터 얻은 열손실은 다음과 같다.

$$q = UA_o \Delta T = (7.577)\pi(0.0266)(1.0)(50-20)$$
$$= 19\, W(\text{단위길이당})$$

점성유체가 정지된 물체를 지나 유동하게 되면 물체의 표면근처에서 유동속도가 느려지게 되는데 이런 영역을 경계층(boundary layer)이라 한다. 경계층 내에는 속도구배가 형성이 되며 물체표면에서는 유동속도가 0이 되는데 이를 점착 조건(no-slip condition)이라 부른다. 유체에서도 유동이 일어나지 않을 경우의 열전달은 오로지 전도에만 의존한다. 유체와 고체간의 대류열전달은 유동속도가 0에 근접하는 얇은 막을 통한 전도에 의해 수행된다. 다시 말해서, 대류 열전달량은 고체표면을 감싸는 얇은 유체의 막을 통하는 전도 열전달량과 동일하다는 것이다. 고체표면에 수직인 좌표축을 y축이라 놓고 y-방향으로의 전도열전달은 Fourier법칙에 의해 다음과 같이 표현된다.

$$q = -kA \frac{dT}{dy}\bigg]_{y=0} \qquad (5.26)$$

Newton의 냉각법칙에 의해

$$q = hA(T_w - T_\infty) \qquad (5.27)$$

위 두식을 이용하여 대류열전달계수 h에 관해 정리하면 다음과 같이 된다.

$$h = \frac{k \left.\dfrac{dT}{dy}\right]_{y=0}}{T_\infty - T_w} \tag{5.28}$$

여기서 T_w, T_∞는 주어진 온도이고 k는 유체의 열전도율로서 주어지므로 벽면에서의 유체의 온도구배 $\left.\dfrac{dT}{dy}\right]_{y=0}$ 만 알게 되면 대류열전달계수 h를 구할 수 있게 된다. 그러므로 대류열전달계수를 구하기 위해서는 경계층 내부의 온도분포를 반드시 확보할 수 있어야 한다.

대류열전달이 일어나기 위해서는 우선 유체의 유동이 존재해야하는데 이러한 유동은 송풍기 또는 펌프 등을 이용해 강제로 일어나게 하거나 유체내부에 발생하는 밀도 차에 의해 자연적으로 일어나는 두 가지 경우가 있다. 전자를 강제대류(forced convection)라 하고 후자를 자연대류(natural convection) 또는 자유대류(free convection)라 부른다.

Newton의 냉각법칙에 의하면 대류열전달에서 가장 중요한 것이 대류열전달계수를 구하는 것인데 앞에서 설명한대로 층류유동의 경우에는 이론적으로 값을 구할 수 있지만 난류유동일 때는 실험에 의존해야 한다. 불행히도 실제 발생하는 대류열전달은 대부분 난류상황에서 발생한다. 대류열전달계수를 표시할 때는 여러가지 무차원 매개변수(dimensionless parameter)들을 사용한다. 우선 유체의 물성에 관계되는 Prandtl 수는 다음과 같이 정의된다.

$$\mathrm{Pr} = \frac{\nu}{\alpha} = \frac{c_p \mu}{k} \tag{5.29}$$

여기서 ν는 유체의 동점성계수(kinematic viscosity)이고 α는 열확산도(thermal diffusivity)로서 Prandtl 수가 대략 점성경계층(viscous boundary layer) 두께와 열경계층(thermal boundary layer) 두께의 비를 나타낸다는 것을 의미한다. 예를 들어 Pr 수가 1보다 크면 점성경계층이 열경계층보다 더 두껍게 발달한다. 유체 유동에 관련되는 매개변수로는 Reynold 수가 있는데 다음과 같이 정의된다.

$$Re = \frac{VL}{\nu} \tag{5.30}$$

여기서 V는 유동속도, L은 특성길이(characteristic length)를 나타내며 Re수의 크기에 따라서 층류 및 난류와 같은 유체의 유동특성이 결정된다. 자연대류의 경우에는 이상의 두 가지 매개변수 외에 Grashof 수(Gr)가 추가로 도입된다. 이 매개변수는 아래와 같이 정의된다.

$$Gr = \frac{g\beta(T_w - T_\infty)L^3}{\nu^2} \tag{5.31}$$

여기서 g는 중력가속도, β는 유체의 체적팽창계수이다. 대류열전달계수를 무차원화 시키려면 열전도율로 나눠주고 대표길이를 곱해주면 되는데 이렇게 만들어진 매개변수를 Nusselt 수라하며 다음과 같이 표시된다.

$$Nu = \frac{hL}{k} \tag{5.32}$$

이상에서 L은 특성길이를 나타내는데 외부유동에서 유동거리 x에 따라 값을 정하고자 할 때는 L 대신에 x를 사용하고 매개변수에 하첨자 x를 붙여준다. 또한 내부유동에서 원관의 직경을 특성 길이로 할 때에는 L 대신에 d를 사용하고 매개변수에는 하첨자 d를 표기해주면 된다. 실제로 대류 열전달계수의 값을 표시할 때에는 h 대신 Nu를 사용하는 것이 일반적이다. 전체가 동일한 온도로 가열된 평판 위를 층류 유동하는 유체에 의해 벽면에 형성되는 대류 열전달계수는 이론적으로 다음과 같은 식으로 유도된다.

$$Nu_x = 0.332\,\mathrm{Pr}^{1/3} Re_x^{1/2} \tag{5.33}$$

평판 벽면이 동일한 온도가 아니고 일정한 열유속(heat flux)을 유지하는 조건이라면 Nusselt수는 다음과 같다.

$$Nu_x = 0.453\,\mathrm{Pr}^{1/3} Re_x^{1/2} \tag{5.34}$$

난류 영역에서의 Nusselt수는 수많은 실험을 통해 경험식을 만들어내는데 모두 위 식과 같은 형태의 식이다. 자연대류의 경우에는 Grashof 수가 추가되지만 역시 비슷한 형태라고 보면 된다. 경험식 또는 도표를 통해 Nusselt 수를 구하게 되면 대류 열전달계수 h를 계산해낼 수 있게 된다. 균일한 온도로 가열된 수직 평판에 적용되는 Nusselt수는 다음과 같다.

$$Nu_x = 0.508\,\mathrm{Pr}^{1/2}(0.952 + \mathrm{Pr})^{-1/4} Gr_x^{1/4} \tag{5.35}$$

표면에서의 대류 열전달 못지않게 중요한 것이 채널 혹은 파이프를 유동하는 유체와 벽면간의 대류 열전달이다. 실제로 거의 모든 열교환기에서 일어나는 내부유동에 의한 열전달을 말하는 것으로서 이 경우 열교환기 벽면과 유동하는 유체의 평균온도를 설정해주는 것이 중요하다. 길이 L인 원형관을 흐르는 유체의 질량유량을 $\dot{m}$, 단면적을 A, 정압비열을 c_p, 입구온도를 T_i, 출구온도를 T_e라 한다면 단위시간에 입구와 출구 사이에서 유체가 얻는 열량은 다음과 같다. 여기서 사용되는 온도 T_i 와 T_e 는 입구와 출구에서의 유체의 평균온도를 나타내는 체적온도(bulk temperature)를 말한다. 유체가 얻는 열량을 q 라할 때

$$q = \dot{m} c_p (T_e - T_i) \tag{5.36}$$

이고 이는 대류열전달을 통해 단위시간에 벽면으로부터 유체로 전달되는 열량과 동일하다. 즉

$$q = \dot{m} c_p (T_e - T_i) = hA(T_{w,avg} - T_{fluid,avg}) \tag{5.37}$$

여기서 A는 유체와 접하는 파이프의 표면적 즉 πdL에 해당하고 하첨자 avg는 평균값임을 뜻한다. 관내의 층류 열전달에서 Nusselt 수는 다음과 같이 유도 된다.

$$Nu_d = \frac{hd}{k} = 4.364 \tag{5.38}$$

예제 5.4 가열평판상의 오일유동

온도가 60℃이고 한 변의 길이가 20 cm인 정4각형 평판 위에 20℃의 엔진오일이 1.2 m/s 의 속도로 흐르고 있을 때 평판으로부터의 열손실을 계산하라.

풀이

$$T = \frac{20+60}{2} = 40℃$$

이 온도에서의 엔진오일의 성질은

$$\rho = 876\ kg/m^3 \qquad \nu = 0.00024\ m^2/s$$

$$k = 0.144\ W/m\cdot℃ \qquad \mathrm{Pr} = 2870$$

Reynolds수는

$$Re = \frac{u_\infty L}{\nu} = \frac{(1.2)(0.2)}{0.00024} = 1000$$

Prandtl수가 대단히 크기 때문에 식 (5-51)을 사용하여 답을 구할 수 있다. 식 (5-51)을 식 (5-44)와 비교하여 보면 h_x는 $x^{-1/2}$에 비례함을 알 수 있고 따라서 평균열전달계수를 식 (5-45)에서와 같이 구하여 보면 국소열전달계수의 2배가 된다. x=0.2에서 식 (5-51)을 계산하면

$$Nu_x = \frac{(0.3387)(1000)^{1/2}(2870)^{1/3}}{[1+(\frac{0.0468}{2870})^{2/3}]^{1/4}} = 152.2$$

$$h_x = \frac{(152.2)(0.144)}{0.2} = 109.6\ W/m^2\cdot℃$$

평균열전달계수는

$$h = (2)(109.6) = 219.2\ W/m^2\cdot℃$$

그러므로 열손실은 아래와 같다.

$$q = hA(T_\omega - T_\infty) = (219.2)(0.2)^2(60-20) = 350.6\ W$$

5.3 복사 열전달

전도나 대류 열전달에는 반드시 매질이 필요했지만 매질이 없이 진공으로 이루어진 우주공간에서는 또 다른 형태의 열전달 메카니즘에 의해 열에너지가 전달된다. 이를 전자기복사(electromagnetic radiation)라고 하는데 물체표면에서 방사되는 전자기파(electromagnetic wave)에 열에너지를 실어 보낸다. 이러한 열에너지는 이상적인 복사체인 흑체(black body) 표면의 경우에 절대 온도의 4제곱에 비례하여 복사된다. 이를 Stefan-Boltzmann의 열복사 법칙이라 부르며 다음과 같이 표현된다.

$$q = \sigma A T^4 \tag{5.39}$$

여기서 σ는 Stefan-Boltzmann상수라 하며 $5.669 \times 10^{-8} W/m^2 \cdot K^4$의 값을 가진다.

흑체에서는 입사되는 에너지를 100% 흡수하고 또한 방사(emission)할 수 있지만 실제의 물체들은 이보다 적은 양의 에너지를 흡수하고 방사한다. 이들을 회색체 또는 회체(gray body)라고 부르는데 엄밀하게 말하면 이러한 회체도 모든 파장에 대해 방사율(emissivity)이 일정해야하기 때문에 실제로 존재하기 어려운 물체이다. 회체로부터 방사되는 열에너지는 흑체 방사에너지에 방사율 ϵ 을 곱한 양과 같다.

서로 다른 온도를 가지는 두 표면 간에 복사 열전달은 각 표면에서 방사되어 상대표면에 도달하는 열복사에너지의 차로서 다음과 같이 표시할 수 있다.

$$q = \epsilon \sigma F A (T_1^4 - T_2^4) \tag{5.40}$$

여기서 F는 두 표면간의 형태계수 또는 형상계수(view factor or configuration factor)를 말한다. 형태계수는 어느 한 면이 다른 면의 복사에너지에 얼마나 노출되어 있는가를 나타내는 계수로서 최소 0부터 최대 1의 값을 가진다. 따라서 형태계수는 두 개의 면이 결정되어 있을 때에만 그 값을 결정할 수 있다. 예를 들어 두 개의 무한평판이 평행하게 놓여 있으면 두 면 사이의 형태계수는 1이라고 보면 된다. 다양한 복사 평면간의 기본적인 형태계수는 해석식을 이용하여 계산된 후 그래프화 되어 있어서 이들을 이용한 형태계수의 연산에 충실하다면 원하는 형태계수를 유도하여 계산할 수 있다.

예제 5.5 흑체 표면 사이의 열교환

가로 세로의 길이가 0.5, 1.0 cm인 두 평행한 흑체 표면이 0.5 m의 거리를 두고 떨어져 있다. 한 표면은 1000℃로 유지되고 있고 다른 표면은 500℃로 유지되고 있다. 두 표면 사이에서 일어나는 정미 복사 열교환량은 얼마인가? 두 면간의 형태계수는 0.285이다.

풀이

$$F_{12} = 0.285.$$

열교환량은 다음과 같이 얻어진다.

$$\begin{aligned} q &= A_1 F_{12}(E_{b1} - E_{b2}) = \sigma A_1 F_{12}(T_1^{\ 4} - T_2^{\ 4}) \\ &= (5.669\times 10^{-8})(0.5)(0.285)(1273^4 - 773^4) \\ &= 18.33\,kW \quad [62{,}540\,Btu/h] \end{aligned}$$

비흑체간의 복사 열전달에서는 표면에 부딪치는 에너지가 모두 흡수되지 않기 때문에 매우 복잡하다. 일반적으로 입사되는 복사에너지는 일부는 반사하고 일부는 흡수되며 일부는 투과될 수 있기 때문이다. 흡수율(absorptivity) α, 반사율(reflectivity) ρ, 투과율(transmissivity) τ 의 합은 1이다. 또한 Kirchhoff의 등가법칙에 따르면 흡수율 α와 방사율 ϵ는 동일하다.

모든 표면들이 난반사를 하고 표면전체가 등온이며 반사율 ρ와 방사율 ϵ이 일정하다고 가정할 때 조사(irradiation) G 및 출사(radiosity) J 는 각각 단위시간 및 단위면적당 표면에 입사하는 총복사량 및 방출되는 총복사량이라 하자. 이 때 출사 J 는 표면방사와 표면반사의 합이므로 다음과 같이 표현된다.

$$J = \epsilon E_b + \rho G = \epsilon E_b + (1-\epsilon)G \tag{5.41}$$

여기서 E_b 는 흑체방사도이고 투과율을 0으로 할 때 반사율 $\rho = 1-\alpha = 1-\epsilon$ 이다. 표면을 떠나는 순에너지는 출사에서 조사를 빼준 양이므로 다음과 같이 쓸 수 있다.

$$\frac{q}{A} = J - G = \epsilon E_b + (1-\epsilon)G - G = \epsilon E_b - \epsilon G \tag{5.42}$$

앞의 식에서 G 를 J 로 표시하여 위 식에 대입하고 정리하면 다음의 식을 얻는다.

$$q = \frac{\epsilon A}{1-\epsilon}(E_b - J) = \frac{E_b - J}{(1-\epsilon)/\epsilon A} \tag{5.43}$$

위 식은 전기회로와의 상사에 비추어볼 때 분모는 열저항, 분자는 에너지 포텐셜의 차로 생각할 수 있다. 이 경우에서 열저항은 표면 방사율 ϵ에 의해 결정되며 따라서 표면의 특성에 의한 열저항에 해당한다고 볼 수 있다.

표면을 떠나는 에너지가 J 이므로 단위시간 당 표면 A_1에서 A_2로 전달되는 에너지는 형태계수가 1일 경우에 $A_1(J_1 - J_2)$ 가 되지만 형태계수가 1이 아닌 일반적인 경우에는 $\dfrac{J_1 - J_2}{1/A_1F_{12}}$가 된다. 즉

$$q_{1-2} = \frac{J_1 - J_2}{1/A_1F_{12}} \tag{5.44}$$

위 식에서 분자는 에너지 포텐셜의 차이고 분모는 열저항에 해당하는데 이 경우에는 공간상의 두면의 위치에 따른 형태계수에 의해 결정되며 따라서 공간의 특성에 따르는 열저항으로 볼 수 있다. 이를 종합하여 볼 때 서로 다른 온도를 가진 두 물체 간의 에너지 교환은 다음과 같이 표현된다.

$$\begin{aligned} q_{net} &= \frac{E_{b1} - E_{b2}}{(1-\epsilon_1)/\epsilon_1 A_1 + 1/A_1F_{12} + (1-\epsilon_2)/\epsilon_2 A_2} \\ &= \frac{\sigma(T_1^4 - T_2^4)}{(1-\epsilon_1)/\epsilon_1 A_1 + 1/A_1F_{12} + (1-\epsilon_2)/\epsilon_2 A_2} \end{aligned} \tag{5.45}$$

이에 대한 복사회로망을 다음의 그림에 나타낸다.

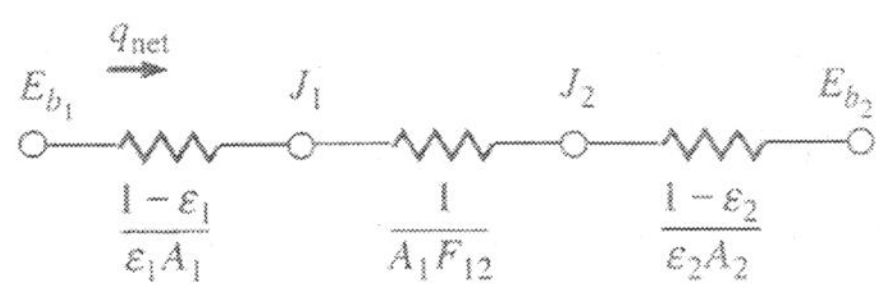

그림 5.10 서로 다른 온도를 지닌 두 물체 간의 복사회로망

위의 결과를 바탕으로 하여 세 개의 물체에 대한 복사회로망을 그리면 다음과 같다.

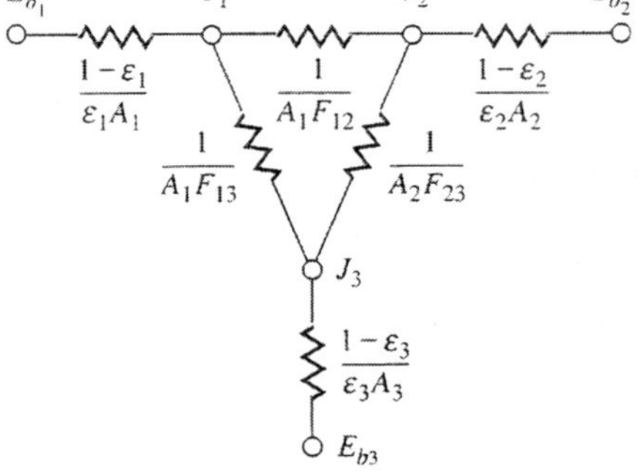

그림 5.11 서로 다른 온도를 지닌 세 물체 간의 복사회로망

표면이 완전히 단열된 경우에는 입사되는 모든 에너지를 다시 복사하게 되므로 표면저항은 0이 되고 따라서 $E_b = J$ 가 된다. 세 물체 중 어느 한 물체가 단열되어 있다고 한다면 그 때의 복사회로망은 다음과 같이 그릴 수 있을 것이다.

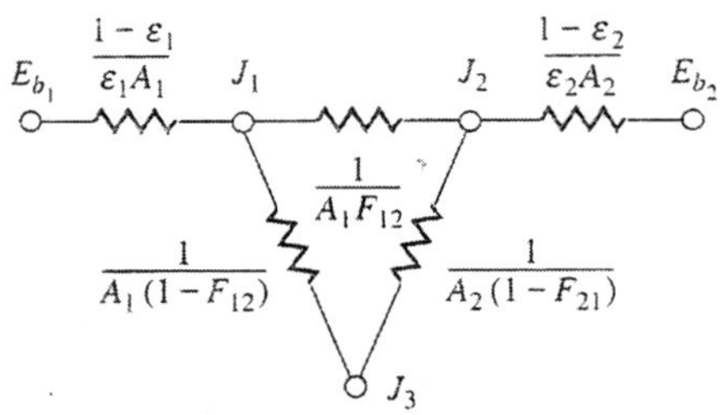

그림 5.12 세 물체 중 하나가 단열되어 있을 때의 복사회로망

각 물체간의 에너지 유동을 계산하는 방법은 전기회로에서 Kirchhoff의 법칙에 의해 전류를 구하는 방법과 동일하다. 즉 미지수 J_i 를 구하기 위해서 각각의 J 점에서 에너지 유입의 합이 0이 되도록 만들면 n개의 연립방정식을 세울 수 있고 이를 풀면 n개의 J 값을 결정할 수 있게 된다. 이를 바탕으로 J 점들 사이의 에너지 유동을 계산해낼 수 있다. 물체의 개수가 많아지게 되면 미지수가 증가하고 이와 동일한 개수의 방정식을 풀어야 하는데 이때는 컴퓨터를 이용한 수치해석 기법에 의존해야 한다.

예제 5.6 실내에 있는 가열판

두 평행한 평판이 있는데 가로와 세로가 각각 0.5, 1.0 m 이고 서로 0.5 m의 간격을 두고 있다. 한 평판은 1000℃이고 다른 하나는 500℃로 유지된다. 평판의 방사율은 각각 0.2, 0.5이다. 평판은 벽면이 27℃로 유지되는 커다란 방에 놓여 있다. 평판들은 서로 복사를 교환하기도 하고 벽면과 교환하기도 하지만 여기에서는 서로 마주 보는 면들만 고려할 것이다. 각 판과 방으로의 정미 열전달을 구하라.

풀이 이것은 두 평판과 실내 벽면으로 된 세 표면에 관한 문제이다. 그러므로 복사 회로망은 그림 5.12와 같다. 이 문제의 자료들로부터

$$T_1 = 1000℃ = 1273\ K \qquad A_1 = A_2 = 0.5\ m^2$$

$$T_2 = 500℃ = 773\ K \qquad \epsilon_1 = 0.2$$

$$T_3 = 27℃ = 300\ K \qquad \epsilon_2 = 0.5$$

실내 면적 A_3이 매우 크기 때문에 저항 $(1-\epsilon_3)/\epsilon_3 A_3$은 0으로 간주되 ㄹ 수 있고 $E_{b3} = J_3$ 가 된다. 형태계수들은 예제 8-2에 주어졌다.

$$F_{12} = 0.285 = F_{21}$$

$$F_{13} = 1 - F_{12} = 0.715$$

$$F_{23} = 1 - F_{21} = 0.715$$

회로망의 저항들은 다음과 같이 계산된다.

$$\frac{1-\epsilon_1}{\epsilon_1 A_1} = \frac{1-0.2}{(0.2)(0.5)} = 8.0$$

$$\frac{1-\epsilon_2}{\epsilon_2 A_2} = \frac{1-0.5}{(0.5)(0.5)} = 2.0$$

$$\frac{1}{A_1 F_{12}} = \frac{1}{(0.5)(0.285)} = 7.018$$

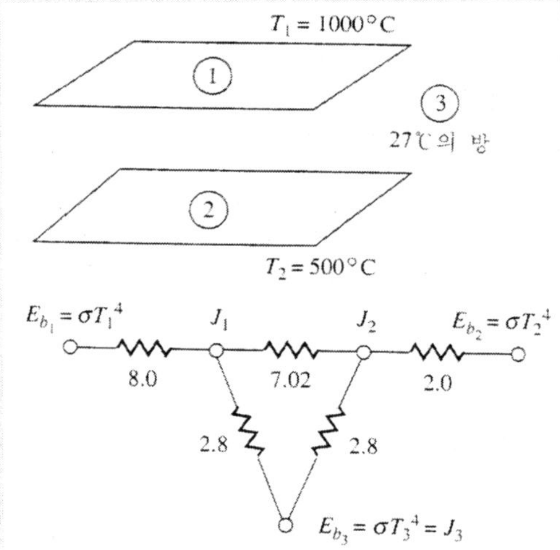

$$\frac{1}{A_1 F_{13}} = \frac{1}{(0.5)(0.715)} = 2.797$$

$$\frac{1}{A_2 F_{23}} = \frac{1}{(0.5)(0.715)} = 2.797$$

저항 $(1-\epsilon_3)/\epsilon_3 A_3$을 0으로 간주함으로써 그림과 같은 회로망이 된다. 각 표면에서의 열의 흐름을 계산하기 위해서 출사 J_1와 J_2 를 결정해야 한다. 절점 J_1과 J_2 에 들어가는 열흐름의 합을 0이라고 놓으면 회로망이 풀린다.

$$\text{절점 } J_1 : \frac{E_{b1} - J_1}{8.0} + \frac{J_2 - J_1}{7.018} + \frac{E_{b3} - J_1}{2.797} = 0 \qquad (a)$$

$$\text{절점 } J_2 : \frac{J_1 - J_2}{7.018} + \frac{E_{b3} - J_2}{2.797} + \frac{E_{b2} - J_2}{2.0} = 0 \qquad (b)$$

이제

$$E_{b1} = \sigma T_1^4 = 148.87\ kW/m^2 \quad [47{,}190\ Btu/h \cdot ft^2]$$
$$E_{b2} = \sigma T_2^4 = 20.241\ kW/m^2 \quad [6416\ Btu/h \cdot ft^2]$$
$$E_{b3} = \sigma T_3^4 = 0.4592\ kW/m^2 \quad [145.6\ Btu/h \cdot ft^2]$$

E_{b1}와 E_{b2}, 그리고 E_{b3}의 값들을 식 (a)와 (b)에 대입하면 두 연립방정식과 두 미지수 J_1 와 J_2를 갖게 되는데 다음과 같이 풀린다.

$$J_1 = 33.469\ kW/m^2 \qquad J_2 = 15.054\ kW/m^2$$

평판 1에 의해 잃는 총열량은 다음과 같다.

$$q_1 = \frac{E_{b1} - J_1}{(1-\epsilon_1)/\epsilon_1 A_1} = \frac{148.87 - 33.469}{8.0} = 14.425\ kW$$

그리고 평판 2에 의해 잃는 총열량은 다음과 같다.

$$q_2 = \frac{E_{b2} - J_2}{(1-\epsilon_2)/\epsilon_2 A_2} = \frac{20.241 - 15.054}{2.0} = 2.594\ kW$$

실내 벽면이 얻는 총열량은 다음과 같다.

$$q_3 = \frac{J_1 - J_3}{1/A_1 F_{13}} + \frac{J_2 - J_3}{1/A_2 F_{23}}$$

$$= \frac{33.469 - 0.4592}{2.797} + \frac{15.054 - 0.4592}{2.797}$$

$$= 17.020\ kW \quad [58,870\ Btu/h]$$

전체적인 균형을 위해 다음 관계가 성립해야 한다.

$$q_3 = q_1 + q_2$$

왜냐하면 양 평판에 의해 잃은 정미 에너지는 실내로 흡수되기 때문이다.

연습문제

1. 열전도율이 1.3 $W/m\cdot℃$인 물질로 된 2 cm 두께의 벽 위에 열전도율이 0.35 $W/m\cdot℃$인 단열재를 붙여서 단위면적(1 ㎡)당 열손실을 1830 W 이하로 유지하려고 한다. 두 재질로 이루어진 조합벽 양면에서의 온도가 각각 1300℃와 30℃일 때 단열재의 두께를 계산하라.

2. 어느 건물의 벽이 10 ㎝ 두께의 보통벽돌(common brick)과 2.5 ㎝ 두께의 유리섬유($k = 0.05\ W/m\cdot℃$)로 구성되어 있다. 벽의 양면에서의 온도차가 45℃일 때 열유동을 계산하라.

3. 어떤 건물 벽이 6.0 in의 콘크리트 ($k = 1.2\ W/m\cdot℃$), 2.0 in의 유리섬유 단열재, 3/8 in의 석고판($k = 0.05\ W/m\cdot℃$)으로 되어 있다. 내부와 외부의 대류 열전달계수는 각각 2.0과 7.0 $Btu/h\cdot ft^2\cdot°F$이다. 벽에 대한 총괄열전달계수, R값, 단위면적당 열손실을 계산하라.

4. 외부지름이 5 cm인 강관의 바깥표면에 6.4mm 두께로 석면($k = 0.096\ Btu/h\cdot ft\cdot°F$)을 씌웠으며 그 위에 유리섬유($k = 0.028\ Btu/h\cdot ft\cdot°F$)로 된 단열재를 2.5 cm 두께로 씌웠다. 강철관 외벽의 온도가 315℃이고 유리섬유의 바깥면의 온도가 38℃일 때 석면과 유리섬유의 접촉면에서의 온도를 계산하라.

5. 6.0 cm 두께의 평면 벽의 내부에서 0.30 MW/m^3의 열이 발생한다. 벽의 한쪽면은 단열되어 있고 다른 쪽 면은 온도가 93℃인 유체에 노출되어 있다. 벽표면과 유체간의 열전달계수는 570 $W/m^2 \cdot ℃$ 이고 벽의 열전도계수가 21 $W/m \cdot ℃$ 일 때 벽 내부에서의 최대온도는 얼마인가?

6. 아래 그림과 같은 단열된 벽에 대응하는 절점방정식이 다음과 같이 됨을 증명하라.

$$T_{m,n+1} + T_{m,n-1} + 2T_{m-1,n} - 4T_{m,n} = 0$$

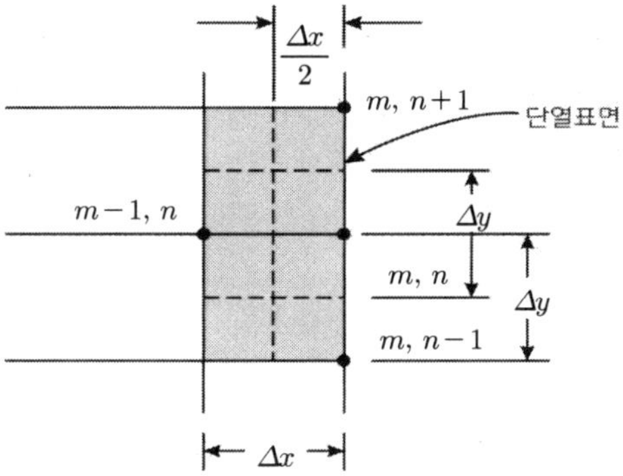

7. 다음 그림에서 면 1-4-7 은 단열되어 있다. 면 1-2-3 에서의 열전달계수는 28 $W/m \cdot ℃$ 이고 재질의 열전도계수는 5.2 $W/m \cdot ℃$ 이다. 수치해법을 사용하여 절점 1,2,4,5에서의 온도를 계산하라.

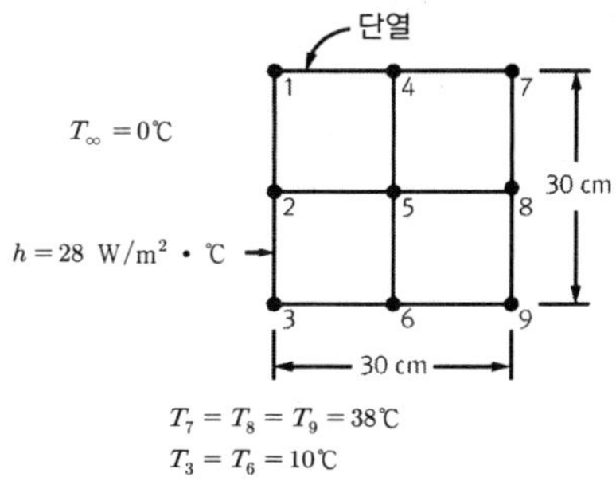

8. 수치해법을 사용하여 그림의 절점 1,2,3 및 4에서의 온도를 계산하라.

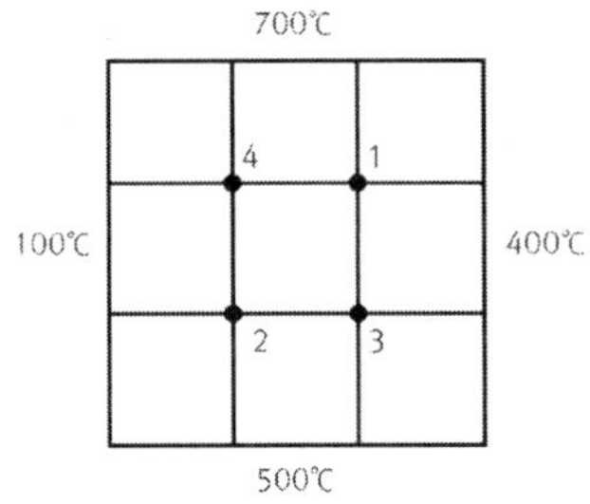

9. 한 변의 길이가 25 cm인 정4각형 평판의 앞면은 흑색페인트를 칠하여 태양에 노출되어 800 W/m^2의 일정한 열유속을 받고 있고 뒷면은 단열되어 있기 때문에 흡수된 모든 에너지는 평판 위를 3m/s로 흐르고 있는 1 대기압, 25℃의 공기 안으로 소산된다. 평판의 평균온도와 평판끝의 온도를 계산하라.

10. 20℃, 14 kPa의 공기가 150℃의 일정온도로 유지되어 있는 평판 위를 150 m/s의 속도로 흐른다. 이 때 평판의 길이는 1 m이다. 평판의 단위면적당 평균열전달률은 얼마인가?

11. 어떤 여름날 높이가 12 ft이고 폭이 20 ft인 건물 주위에 1 대기압, 80°F의 바람이 시속 10마일의 속도로 불어오고 있으며 건물벽에 부는 바람은 평판상의 흐름과 같이 벽에 평행하다고 가정하라. 건물의 벽은 110 $Btu/h \cdot ft^2$의 태양열을 모두 대류에 의하여 주위공기로 보내주는 평형상태에 달하였다고 하고 벽의 평균온도를 구하라.

12. 온도가 139℃이고 한 변의 길이가 1 m인 정4사각형 평판 위에 2대기압, 15℃의 수소가 6 m/s의 속도로 흐르고 있을 때 평판으로부터의 열손실을 계산하라.

13. 평판상에 평행한 유동에 대한 대부분의 관계식은 다음과 같은 형태이다.

$$Nu_x = \frac{h_x x}{k} = CRe_x^n f(\mathrm{Pr})$$

$\overline{h}_L / h_{x=L}$에 대한 관계식을 상수 C와 n의 항으로 나타내어라.

14. 300°K, 4대기압의 공기가 한 변의 길이가 10 cm인 정사각형 평판 위를 35 m/s로 흐르고 있다. 평판은 400°K으로 유지되고 있다. 판으로부터의 열손실을 계산하라.

15. 한 우주선에서 다른 우주선으로 에너지를 전달하고자 한다. 한 변이 1.5 m인 정사각형의 판이 이 일을 수행하기 위해 각 우주선에 준비되어 있다. 이 판들이 평행하게 그리고 30 cm의 간격을 유지하도록 우주선이 조종된다. 한 판은 800℃로 그리고 다른 판은 250℃로 가열되어 있다. 방사율은 각각 0.5, 0.8이다.
    (a) 우주선 간의 정미 열교환량을 구하고
    (b) 판으로부터 방출된 총열량을 계산하라(와트단위). 외계는 0 K의 흑체라고 가정하자.

16. 지름이 0.5 m인 긴 파이프가 방안에서 20℃이고 1 대기압인 공기에 노출되어 있다. 파이프의 표면온도는 93℃이고 방사율이 0.6이라고 가정하고 단위 길이 당 파이프에서 방출되는 복사열을 계산하여라.

17. 지름 1 m 길이 1 m 이고 800℃의 온도로 유지된 원통이 0.65의 방사율을 갖고 있다. 지름이 2 m이고 길이가 1 m인 다른 원통이 앞의 원통을 동심으로 에워싸고 있고 완벽하게 단열되어 있다. 두 원통 모두 300 K의 커다란 방에 위치해있다. 내부의 원통에 의해 방출되는 열량을 계산하라.

18. 온도가 30℃인 커다란 방안에서 지름이 3 cm이고 온도가 900℃ 이며 방사율이 0.6인 구 주위에 지름이 9 cm 이고 방사율이 0.3인 구가 동심으로 둘러싸고 있다. 안쪽 구로부터의 열손실을 계산하라.

19. 반 원통이 내부 온도 1000 K 로서 커다란 방안에 있다. 표면의 방사율은 0.7이고, 지름은 50 cm이며 길이는 매우 길다고 가정한다. 원통의 뒷면은 단열되어 있다. 방의 온도가 300 K 일 때에 단위 길이 당 열 손실을 계산하라.

20. 지름이 1 m인 인공위성이 400 km 높이에서 지구주위를 회전하고 있다. 지구의 지름은 12.9 Mm 이며 인공위성의 표면은 윤이 나는 알루미늄이라 가정하고 인공위성이 지구의 어두운 쪽에 있을 때 인공위성의 복사평형온도를 계산하라. 지구를 15℃의 흑체로 보고 외계공간을 0°K의 흑체로 가정하라. 위성으로부터 지구로의 형태계수는 위성으로부터의 전체 입체각에 대한 위성으로부터 지구로 연결된 입체각의 비율이다. 위성이 지구의 밝은 쪽에 있을 때 태양으로부터 약 1400 W/m^2의 복사열을 받는다. 이 때 위성의 평형온도를 다시 계산하라. 태양으로부터 복사열을 받을 때는 위성을 원판으로 생각하고 외계공간으로 복사열을 방출할 때는 구로 생각하라.

6장

열 시스템

6.1 열교환기의 개념

열교환기는 고온 유체와 저온 유체 사이의 열에너지를 교환하는 장치이다. 열교환기는 고온유체와 저온유체 사이의 최대 열교환, 즉 열손실 최소화가 가능한 직접 열교환기와 고온유체와 저온유체 상호간의 혼합을 방지하기 위한 간접열교환기로 구분된다.

간접열교환기의 경우 열전달 효과를 증대시키기 위한 다양한 형상적 검토가 수행되었다. 특히 핀(Fin)이 열교환 표면적을 넓히고 난류를 증가시키는 효과가 탁월한 것으로 밝혀졌다. 또한, 선회류(Swirl)와 같은 유동 형태를 갖게 하거나 다 유로(multiple pass)를 적용함으로써 유체의 체류 시간을 늘려 에너지 전달시간을 증가시키는 방법도 고안되었다.

간접열교환기는 구조에 따라 크게 이중관식과 Shell & Tube식으로 구분하고, 고온유체와 저온유체의 각 유동방향에 따라 평행류(parallel flow), 대향류(counter flow), 직교류(cross flow) 등으로 구분한다. 대표적인 간접열교환기의 종류를 정리하면 그림 6.1에 나타낸 것과 같다.

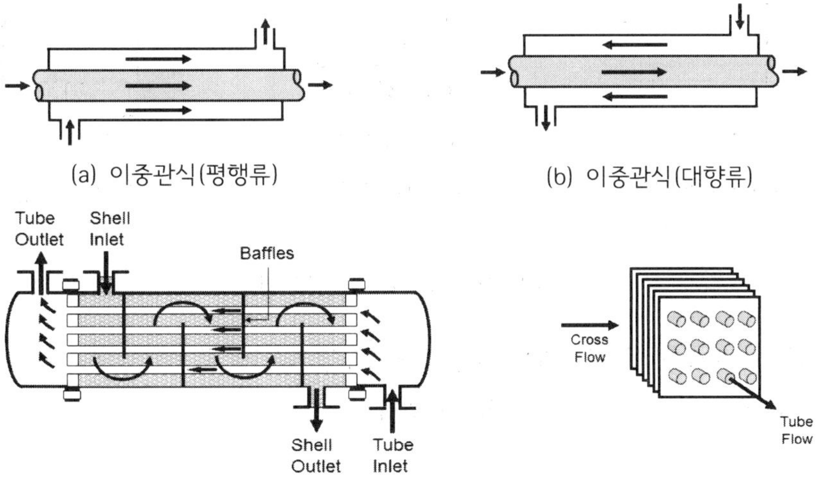

(a) 이중관식(평행류)

(b) 이중관식(대향류)

(c) Shell&Tube(난류-직교류)

(d) Shell&Tube(직교류)

그림 6.1 간접열교환기의 종류

그러나 열전달 효과를 증대시키기 위한 기술들은 열교환기 내 압력강하와 펌프, 홴 등의 설비용량과 동력을 증가시키는 원인이 되기 때문에 초기도입비와 운전비 등을 포함하는 경제적 평가가 반드시 함께 이루어져야만 한다.

6.2 단순열교환기

6.2.1 단순열교환기의 개념과 전체열전도

그림 6.2에 나타낸 것과 같이 단순한 원형관내에 임의 특성을 갖는 유체를 흐르게 하고 주변과의 온도차에 의해 열교환이 발생하는 기구를 단순열교환기라고 한다. 이 때 관 외부표면은 그림에서와 같이 추가적인 부착물이 없는 경우, 단열재가 부착된 된 경우, 핀이 부착된 경우를 상상할 수 있다.

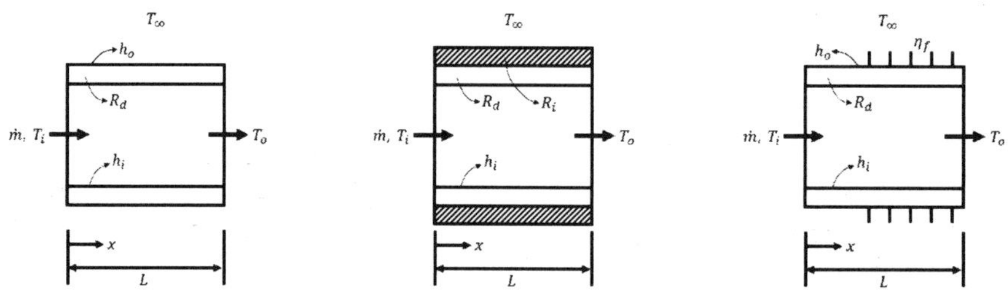

(a)일반 원형관 (b)단열된 원형관 (c)핀부착 원형관

그림 6.2 단순열교환기의 개념

그림 6.2에서 관의 단면적을 A_c, 평균유속을 V_m라 할 때 질량유량과 체적유량은 각각 식 (6.1), 식 (6.2)로 구할 수 있다.

$$\text{질량유량} : \dot{m} = \rho \cdot V_m \cdot A_c \tag{6.1}$$

$$\text{체적유량} : V_{vol} = V_m \cdot A_c \tag{6.2}$$

유체의 정압비열(c_p)과 다른 물성치가 변하지 않고 정상상태이며, 축일이 없고 운동에너지 및 위치에너지의 변화를 무시할 수 있을 경우의 열전달 q는 다음 식 (6.3)과 같다.

$$q = \dot{m} \cdot c_p \cdot (T_i - T_o) \tag{6.3}$$

덕트 내면과 외면의 대류열전달계수가 h_i, h_o이고, 내면과 외면의 표면적이 A_i, A_o인 경우의 전체 열전도 $U \cdot A$는 다음 식 (6.4)로부터 구할 수 있다. 이 때, U는 총괄열전달계수를, A는 열전달이 일어나는 면적을 각각 나타낸다.

$$U \cdot A = \frac{1}{\dfrac{1}{h_i \cdot A_i} + R_d + \dfrac{1}{h_o \cdot A_o}} \tag{6.4}$$

또한, 관 외부표면에 단열재가 부착된 경우에는 단열재의 열저항값인 R_i를 고려해야 하며, 이러한 경우의 전체 열전도 $U \cdot A$는 다음과 같다.

$$U \cdot A = \frac{1}{\dfrac{1}{h_i \cdot A_i} + R_d + R_i + \dfrac{1}{h_o \cdot A_o}} \tag{6.5}$$

한편, 관 외부에 핀이 부착된 경우에는 관의 노출된 전체 외부면적 A_o, 핀의 전체 표면적A_f 그리고 핀 효율 η_f을 고려한 식 (6.6)과 같이 전체 열전도 $U \cdot A$를 계산할 수 있다.

$$U \cdot A = \frac{1}{\dfrac{1}{h_i \cdot A_i} + R_d + \dfrac{1}{h_o (A_o + \eta_f \cdot A_f)}} \tag{6.6}$$

6.2.2 단순열교환기에서의 열전달

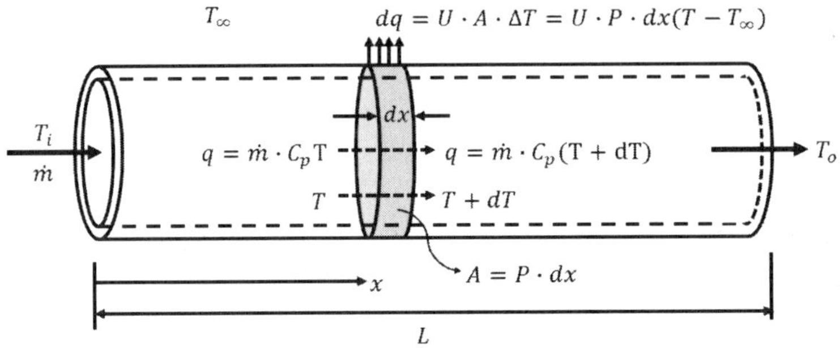

그림 6.3 검사체적에서의 에너지 밸런스

검사체적이 그림 6.3과 같고 정상상태유동이며, 물성치가 일정하고, 내부에서 열 발생이 없는 경우의 x위치에서의 에너지 밸런스는 식 (6.7)과 같다. 여기서 T는 x 위치에서의 전체 유체온도이고 P는 원형관의 둘레이다.

$$\dot{m} \cdot c_p \cdot T = \dot{m} \cdot c_p \cdot (T + dT) + U \cdot P \cdot dx \cdot (T - T_\infty) \tag{6.7}$$

윗 식을 정리하면

$$\frac{dT}{T - T_\infty} = -\frac{U \cdot Pdx}{\dot{m} \cdot c_p} \tag{6.8}$$

유체의 온도가 T_i인 $x = 0$에서 유체의 온도가 T인 어떤 위치 x까지를 적분하면 관을 따라 전체 온도분포 산정이 가능하다.

$$\int_{T_i}^{T} \frac{dT}{T - T_\infty} = \int_0^x -\frac{U \cdot P \cdot dx}{\dot{m} \cdot c_p} \tag{6.9}$$

U, P, $\dot{m}$, c_p가 상수이고, $x = 0$에서 어떤 위치 x까지의 관 표면적을 A_x $(= P \cdot x)$라 한다면 식 (6.9)의 적분결과는 다음과 같이 정리된다.

$$\frac{T(x) - T_\infty}{T_i - T_\infty} = \exp\left(-\frac{U \cdot A_x}{\dot{m} \cdot c_p}\right) \tag{6.10}$$

$x = L$인 출구에서의 유체온도를 T_o, 관의 전체 표면적을 $A_t(= P \cdot L)$라면 식 (6.10)은 다음과 같이 표현된다.

$$\frac{T_o - T_\infty}{T_i - T_\infty} = \exp\left(-\frac{U \cdot A_t}{\dot{m} \cdot c_p}\right) = \exp(-NTU) \tag{6.11}$$

$$NTU = \frac{U \cdot A_t}{\dot{m} \cdot c_p} = \frac{U \cdot A_t}{C} \tag{6.12}$$

여기서 NTU는 전열단위수(Number of Transfer Units)로 관내 유동의 엔탈피 변화량에 대한 내부유체와 외부유체 사이의 열전달량 비를 설명하며, C는 유체의 열용량율로써 $\dot{m} \cdot c_p$의 값을 갖는다.

그림 6.3에서 검사체적을 통과하는 과정에서 유체가 국부적으로 외부에 전달한 열은 다음 식 (6.13)과 같고, 전체 길이 L에 대한 관 전체의 열전달은 식 (6.14)로 표현된다.

$$dq_x = U \cdot P \cdot dx \cdot (T - T_\infty) \tag{6.13}$$

$$q = \int_0^L dq_x = \int_0^L U \cdot P \cdot (T - T_\infty) \cdot dx \tag{6.14}$$

식 (6.14)에서 U, P를 상수로 정하고, 여기에 식 (6.10)을 대입하여 정리하면 다음과 같다.

$$q = \dot{m} \cdot c_p \cdot (T_i - T_\infty) \cdot [1 - \exp(-NTU)] \tag{6.15}$$

만일 관의 길이가 무한히 긴 경우, 즉 $L \rightarrow \infty$ 인 경우의 최대 열전달량은 식 (6.16)과 같다.

$$q_{max} = \dot{m} \cdot c_p \cdot (T_i - T_\infty) \tag{6.16}$$

그러나, 일반적인 경우의 실제 열전달은 다음과 같이 표현된다.

$$q = q_{max} \cdot [1 - \exp(-NTU)] \tag{6.17}$$

식 (6.16)과 식 (6.17)의 차이는 열교환기의 효율(ε)에 의해 발생하는 것이기 때문에 단순열교환기의 효율(ε)은 다음과 같이 정의할 수 있으며, NTU와 ε의 관계를 그림 6.4에 나타내었다.

$$\varepsilon = \frac{\text{실제열전달}}{\text{최대열전달}} = \frac{q}{q_{max}} = 1 - \exp(-NTU) \tag{6.18}$$

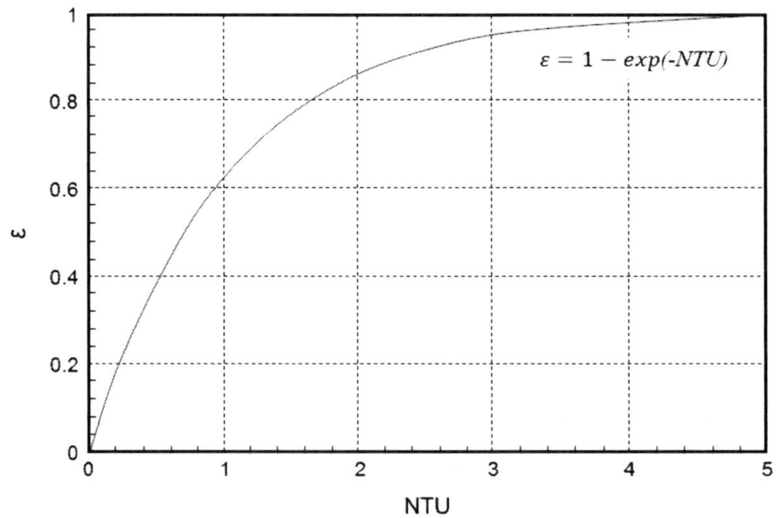

그림 6.4 단순열교환기의 개념

한편, 식 6.10에서 열교환기 내부의 온도분포가, 열교환기 전체 길이 중 임의위치 x에서의 온도차가 직선적이지 않으며 또한 각 위치마다 다르다는 것을 알 수 있다.

$$\frac{T(x)-T_\infty}{T_i-T_\infty}=\exp\left(-\frac{U\cdot A_x}{\dot{m}\cdot c_p}\right) \tag{6.10}$$

이에 열교환기 내부에서 발생하는 복잡한 열전달 현상을 보다 쉽게 해석할 수 있도록 평균적인 온도차 ΔT_m의 개념이 필요하다. ΔT_m 개념을 도입한다면 전체 열전달은 다음과 같이 표현할 수 있다.

$$q=U\cdot A_t\cdot\Delta T_m \tag{6.19}$$

식 (6.19)를 식 (6.3)과 q에 대해 등식으로 놓고, ΔT_m에 대해 정리하면

$$\begin{aligned}\Delta T_m &= \frac{\dot{m}\cdot c_p\cdot(T_i-T_o)}{U\cdot A_t}=\frac{T_i-T_o}{NTU}=\frac{(T_i-T_\infty)-(T_o-T_\infty)}{NTU}\\ &=\frac{\Delta T_i-\Delta T_o}{NTU}\end{aligned} \tag{6.20}$$

또한, $\dfrac{T_o-T_\infty}{T_i-T_\infty}=\exp(-NTU)$ 에서

$$NTU=-\ln\left(\frac{T_o-T_\infty}{T_i-T_\infty}\right)=-\ln\left(\frac{\Delta T_o}{\Delta T_i}\right)=\ln\left(\frac{\Delta T_i}{\Delta T_o}\right) \tag{6.21}$$

식 (6.20)과 식 (6.21)을 결합하면

$$\Delta T_m(\text{or }\Delta T_{lm})=\frac{\Delta T_i-\Delta T_o}{\ln\left(\dfrac{\Delta T_i}{\Delta T_o}\right)}=LMTD \tag{6.22}$$

여기서 ΔT_m 혹은 ΔT_{lm}을 대수평균온도차(LMTD : Log Mean Temperature Difference) 라고 하며, 열교환기 내의 평균 온도를 가장 적절하게 나타냄을 알 수 있다. 대수평균온도차를 이용해 열전달량을 계산하는 식은 식 (6.23)과 같이 표현된다.

$$q = U \cdot A_t \cdot LMTD \tag{6.23}$$

일반적으로 대수평균온도차는 입구와 출구의 각 온도를 알 수 있는 경우 열전달량 및 전열면적을 계산할 때 유용하게 활용된다.

예제 6.1 내경 2.5 ㎝, 길이 3 m의 구리관 내를 물이 유속 1 ㎧로 흐르고 있다. 관 내벽과 외벽에서의 대류열전달계수가 각각 5,000 W/m^2℃, 1,400 W/m^2℃ 이다. 주위온도는 25℃로 일정하고, 물의 입구온도가 50℃ 일 때 물의 출구온도와 열전달을 계산하시오. 단, 관의 열저항은 0이라 가정한다.

풀이 식 (6.4)는 문제의 조건에서 $A = A_i = A_o$이므로 다음과 같이 간단히 표현된다.

$$U = \frac{1}{\frac{1}{h_i} + \frac{1}{h_o}} = \frac{h_i \cdot h_o}{h_i + h_o} = 1{,}094 \ \ W/m^2℃$$

또한 전열면적은 $A_t = \pi \cdot D \cdot L$

그리고 식 (6.12)을 이용하여 NTU를 계산한다.

$$NTU = \frac{U \cdot A_t}{\dot{m} \cdot c_p} = \frac{U \cdot A_t}{\rho \cdot V \cdot A_c \cdot c_p} = \frac{U \cdot (\pi \cdot D \cdot L)}{\rho \cdot V \cdot \left(\frac{\pi D^2}{4}\right) \cdot c_p} = 0.126$$

열교환기의 효율은 식 (6.18)로부터 구한다.

$$\varepsilon = \frac{q}{q_{\max}} = 1 - \exp(-NTU) = 0.118$$

또한 식 (6.11)을 전개하여 출구온도를 계산할 수 있다.

$$\frac{T_o - T_\infty}{T_i - T_\infty} = \exp(-NTU) \text{ 이므로}$$

$$T_o = T_\infty + (T_i - T_\infty) \cdot \exp(-NTU) = 47℃$$

문제의 조건에서 가능한 최대 열전달량은 식 (6.16)을 활용한다.

$$q_{\max} = \dot{m} \cdot c_p \cdot (T_i - T_\infty) = (\rho \cdot V \cdot A_c) \cdot c_p \cdot (T_i - T_\infty) = 51kW$$

그러므로 효율을 고려한 실제 열전달량 q는 다음과 같다.

$$q = q_{\max} \cdot \varepsilon = 6kW$$

6.3 복합 열교환기

6.3.1 복합열교환기의 개념과 열전달

그림 6.5는 Shell & Tube형 열교환기의 다양한 개념을 나타낸 것이다. Shell & Tube형 열교환기 내 두 유체의 흐름방향은 그림 6.5의 (b-1)과 (b-2)에 나타낸 것과 같이 평행류(parallel flow)방식과 대향류(counter flow)방식으로 구분할 수 있다. rkr 흐름 방식에 따른 두 유체의 각 온도분포를 (c-1), (c-2)에 도시하였다. 평행류의 경우에는 두 유체의 각 출구온도인 T_{c2}가 T_{h2}보다 항상 낮거나 같을 수 있지만, 대향류에서는 T_{c2}가 T_{h2}보다 높을 수도 있다.

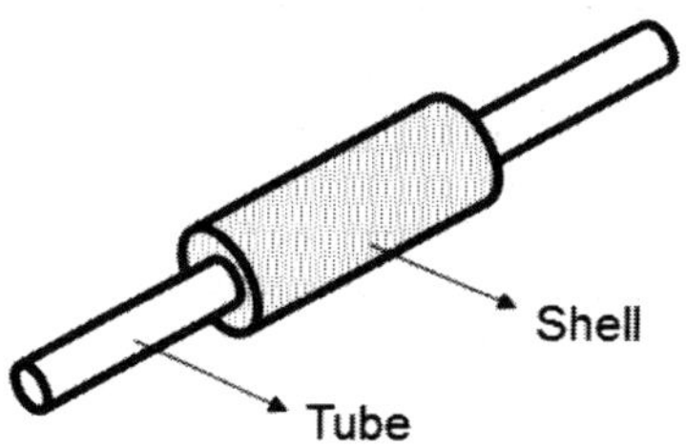

(a) Shell & Tube의 개념

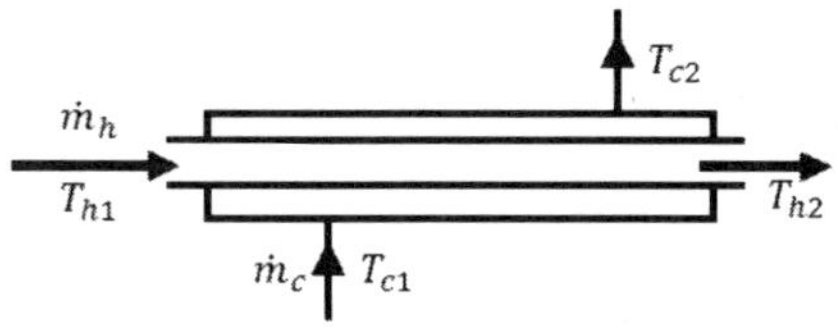

(b-1) 평행류의 개념

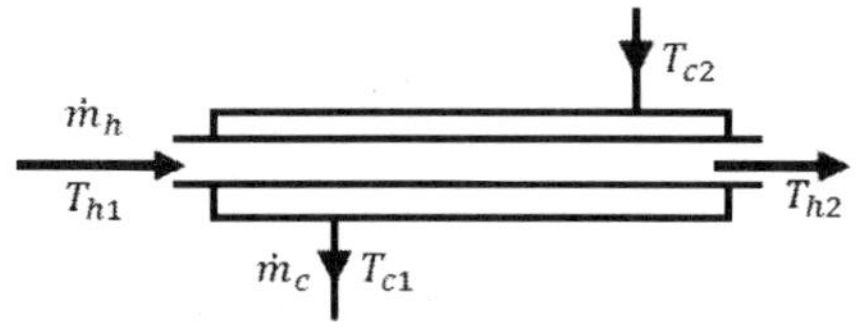

(b-2) 대향류의 개념

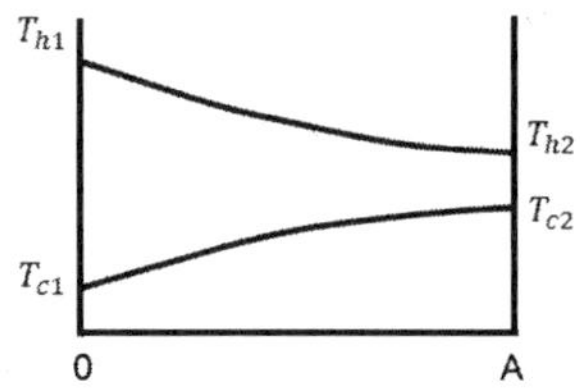

(c-1) 평행류의 온도 분포

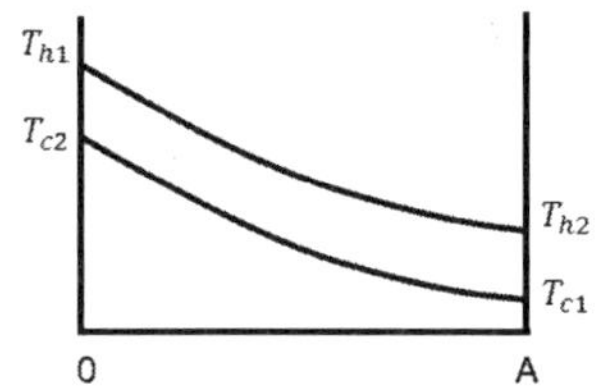

(c-2) 대향류의 온도 분포

그림 6.5 Shell & Tube 열교환기의 개념

그림 6.6은 평행류 열교환기 열전달을 설명하기 위한 임의위치에서의 온도분포를 나타낸 것이다. 일반적으로 열교환기의 열전달율은 엔탈피 변화와 평균온도 차이에 기초하며, 정상상태에서 주변으로의 열손실이 없는 경우의 열전달은 식 (6.24)로 정의된다. 이 때, C_h는 고온유체의 열용량율($\dot{m}_h \cdot c_{ph}$), C_c는 저온유체의 열용량율($\dot{m}_c \cdot c_{pc}$) 그리고 ΔT_m은 평균온도차를 각각 의미한다.

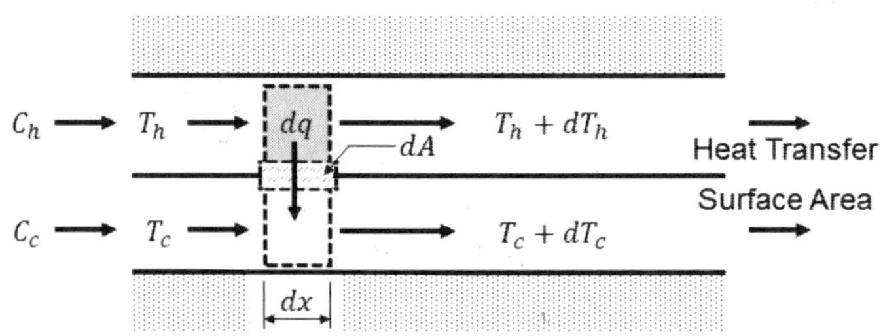

(a)

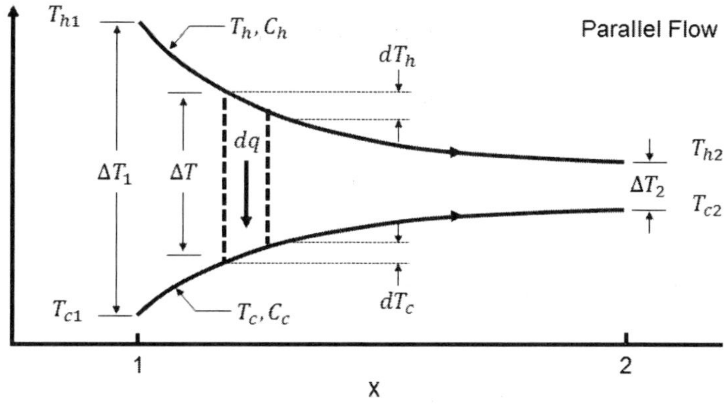

(b)

그림 6.6 평행류 흐름에서의 열전달 개념과 온도분포

$$q = C_h \cdot (T_{h1} - T_{h2}) = C_c \cdot (T_{c2} - T_{c1}) = U \cdot A_t \cdot \Delta T_m \tag{6.24}$$

그림 6.6에서 요소길이 dx 구간에서, 고온유체와 저온유체에서의 열전달은 각각 식 (6.25)와 식 (6.26)과 같다.

$$dq = - C_h \cdot dT_h \tag{6.25}$$

$$dq = C_c \cdot dT_c \tag{6.26}$$

고온유체(T_h)와 저온유체(T_c) 사이의 온도차가 $\Delta T (= T_h - T_c)$이고, 열전달이 일어나는 표면적이 dA_t일 때, 이 면에서 발생하는 열전달은 다음과 같다.

$$dq = U \cdot dA_t \cdot \Delta T \tag{6.27}$$

임의 미소구간에서의 온도차는 아래 식 (6.28)으로 나타낼 수 있으며, 이 식에 식 (6.25)와 식 (6.26)을 대입하면 식 (6.29)와 같이 정리할 수 있다.

$$d(\Delta T) = dT_h - dT_c \tag{6.28}$$

$$d(\Delta T) = -dq \cdot \left(\frac{1}{C_h} + \frac{1}{C_c}\right) \tag{6.29}$$

식 (6.29)에 식 (6.27)를 대입하면

$$d(\Delta T) = -U \cdot \Delta T \cdot dA_t \cdot \left(\frac{1}{C_h} + \frac{1}{C_c}\right) \tag{6.30}$$

식 (6.29)에서 U, C_h, C_c를 상수라고 하면 임의 1→2 구간에서의 온도변화는 아래와 같이 적분에 의해 표현할 수 있다.

$$\int_1^2 \frac{d(\Delta T)}{\Delta T} = -U \cdot \left(\frac{1}{C_h} + \frac{1}{C_c}\right) \cdot \int_1^2 dA_t \tag{6.31}$$

$$\ln\left(\frac{\Delta T_2}{\Delta T_1}\right) = -U \cdot A_t \cdot \left(\frac{1}{C_h} + \frac{1}{C_c}\right) \tag{6.32}$$

식 (6.32)에 다시 식 (6.25), 식 (6.26)을 대입하여 정리하면 다음과 같다.

$$\begin{aligned} \ln\left(\frac{\Delta T_2}{\Delta T_1}\right) &= -U \cdot A_t \cdot \left(\frac{T_{h1} - T_{h2}}{q} + \frac{T_{c2} - T_{c1}}{q}\right) \\ &= -\frac{U \cdot A_t}{q} \cdot [(T_{h1} - T_{h2}) + (T_{c2} - T_{c1})] \\ &= -\frac{U \cdot A_t}{q} \cdot [(T_{h1} - T_{c1}) + (T_{h2} - T_{c2})] \end{aligned} \tag{6.33}$$

그림에서 $\Delta T_1 = T_{h1} - T_{c1}$, $\Delta T_2 = T_{h2} - T_{c2}$이므로

$$q = U \cdot A_t \cdot \frac{\Delta T_2 - \Delta T_1}{\ln\left(\frac{\Delta T_2}{\Delta T_1}\right)} \tag{6.34}$$

식 (6.24)와 위 식 (6.34)를 비교해 보면 복합열교환기에서도 열교환기의 평균온도를 가장 적절히 나타내는 방법이 대수평균온도차를 이용하는 것임을 알 수 있다. 즉,

$$\Delta T_m = \Delta T_{lm} = \frac{\Delta T_2 - \Delta T_1}{\ln\left(\frac{\Delta T_2}{\Delta T_1}\right)} = \frac{\Delta T_1 - \Delta T_2}{\ln\left(\frac{\Delta T_1}{\Delta T_2}\right)} \tag{6.35}$$

위 식 (6.35)로 구할 수 있는 대수평균온도차는 대향류방식의 열교환기에 대해서도 적절한 평균온도차로 이용될 수 있다. 단지, 대향류방식일 때의 입출구온차, ΔT_1과 ΔT_2는 다음과 같다.

$$\Delta T_1 = T_{h1} - T_{c2}, \qquad \Delta T_2 = T_{h2} - T_{c1} \tag{6.36}$$

예제 6.2 이중관식 열교환기에서, 비열 4,180 J/kg℃인 물이 질량유량 68 kg/min, 입구온도 35℃, 출구온도 75℃의 상태로 흐르고, 비열 1,900 J/kg℃인 오일이 입구온도 110℃, 출구온도 75℃로 대향하여 흐르고 있을 때 전열면적 A를 구하시오. 단, 총괄열전달계수는 320 W/㎡℃이고, 열교환기 외부로의 열손실은 없다고 가정한다.

풀이 식 (6.34) 혹은 이를 간단히 표현한 식 (6.23)을 전열면적 A_t에 대해 정리하면 다음과 같다.

① $$A_t = \frac{q}{U \cdot LMTD}$$

문제에서 U는 조건으로 제시되었지만 q, $LMTD$는 계산하여 한다.

② $$q = \dot{m}_c \cdot c_{cp} \cdot (T_{c2} - T_{c1}) = 189{,}493\ W$$

대향류이므로 식 (6.35)는 다음과 같이 계산할 수 있다.

$$③\ LMTD = \frac{\Delta T_1 - \Delta T_2}{\ln\left(\frac{\Delta T_1}{\Delta T_2}\right)} = \frac{(T_{h1} - T_{c2}) - (T_{h2} - T_{c1})}{\ln\left(\frac{T_{h1} - T_{c2}}{T_{h2} - T_{c1}}\right)} = 37.44℃$$

위 값들을 식 ①에 대입하여 전열면적을 계산한다.

$$A_t = 15.82\ m^2$$

6.3.2 복합열교환기의 효율

고온유체의 열용량율(C_h)과 저온유체의 열용량율(C_c) 중 최소열용량율을 C_{min}, 최대열용량율을 C_{max}라 할 때 복합열교환기의 최대열전달량은 식 (6.37)로 표현되며, 열교환기 효율(ε)을 고려한 실제 열전달 성능은 식 (6.38)과 같다.

$$q_{max} = C_{min}(T_{h1} - T_{c1}) \tag{6.37}$$

$$q_e = q_{max} \cdot \varepsilon \tag{6.38}$$

최대열용량율과 최소열용량율 사이의 비율을 R이라 할 때, 평행류방식 열교환기의 효율은 다음과 같다.

$$\varepsilon = \frac{1 - \exp[-(1+R)NTU]}{1+R} \tag{6.39}$$

$$\text{단, } R = \frac{C_{min}}{C_{max}}, \quad NTU = \frac{U \cdot A_t}{C_{min}} \tag{6.40}$$

또한 대향류방식 열교환기의 효율은 다음과 같다.

$$\varepsilon = \frac{1-\exp[-(1-R)NTU]}{1-R\exp[-(1-R)NTU]} \tag{6.41}$$

$C_{max} \to \infty$이면 $R=0$이 될 때의 평행류방식과 대향류방식 열교환기의 효율은 모두 아래와 같이 단순열교환기의 효율과 같아진다.

$$\varepsilon = 1-\exp(-NTU) \tag{6.42}$$

$C_{max} = C_{min}$이 되어 $R=1$인 경우의 열교환기 효율은 다음과 같다.

$$\text{평행류방식 열교환기 효율} : \varepsilon = \frac{1-\exp(-2NTU)}{2} \tag{6.43}$$

$$\text{대향류방식 열교환기 효율} : \varepsilon = \frac{NTU}{1+NTU} \tag{6.44}$$

예제 6.3 전열면적 A_t가 무한히 넓을 경우 평행류방식 열교환기와 대향류방식 열교환기의 각 효율을 구하시오

풀이 $A_t \to \infty$라면 평행류방식 열교환기의 효율은 0.5이고, 대향류방식 열교환기의 효율은 1이 되어, 대향류방식 열교환기의 성능이 상대적으로 우수함을 알 수 있다.

6.4 폐열회수시스템

다양한 산업현장에서 발생하는 고온 폐열을 유효하게 이용하기 위해 고안된 것이 폐열회수시스템이다. 화석연료 등의 구입비용이 절감되기 때문에 폐열회수시스템을 도입하지만, 시스템 구축을 위한 초기투자비용과 운전비용이 발생하기 때문에 이익과 비용 관점에서의 객관적 평가가 필요하다.

일반적으로 폐열회수시스템 도입이 효과적일 수 있는 조건은 다음과 같다.

(1)연속운전

(2)큰 온도차 존재

(3)두 유체의 유량 비슷

(4)높은 연료비용이 발생하는 경우

이러한 조건을 만족하는 대표적 산업군은 플랜트산업, 금속가열처리산업, 대형병원, 식품제조산업 등이다.

그림 6.7은 기존시스템과 폐열회수시스템의 개념을 나타낸다. 기존시스템의 경우 생산공정을 완료하고 남은 고온유체(온도 T_{h1}, 질량유량 $\dot{m}_h$)가 폐기되고, 공정상 필요한 새로운 저온유체(온도 T_{c1}, 질량유량 $\dot{m}_c$)를 T_{c3}의 고온유체로 만들기 위해 연료를 소비하여 가열해야하는 구조이다. 이에 반해 폐열회수시스템의 경우에는 열교환기 내에서 고온유체로부터 q_e의 에너지가 저온유체로 전달됨에 따라 공정상 필요한 새로운 저온유체(온도 T_{c1}, 질량유량 $\dot{m}_c$)는 T_{c2}로 가열되고, 이를 T_{c3}로 가열하기 위한 연료가 필요하게 되므로, 상대적으로 기존시스템보다 연료소비량이 줄어드는 효과가 발생하게 된다.

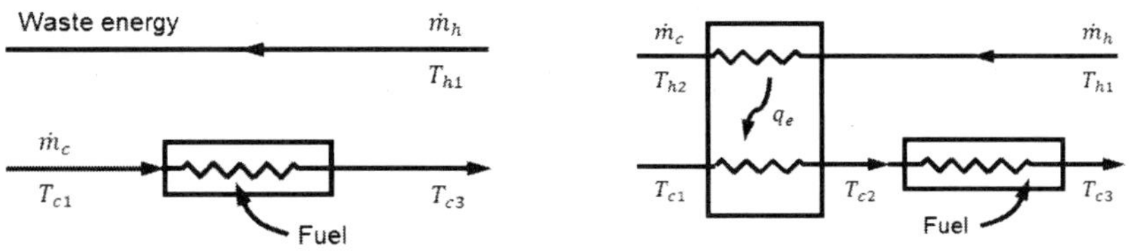

(a)기존시스템 (b)폐열회수시스템

그림 6.7 기존시스템과 폐열회수시스템의 개념

일반적으로 열교환기의 최대열교환량과 실제 열교환량은 식 (6.37)과 식 (6.38)로 나타낸다.

$$q_{\max} = C_{\min} \cdot (T_{h1} - T_{c1}) \tag{6.37}$$

$$q_e = q_{\max} \cdot \varepsilon \tag{6.38}$$

폐열교환기가 없을 때 필요한 연료에너지와 폐열교환기가 있을 필요한 연료에너지는 각각 식 (6.45)와 식 (6.46)으로 계산된다.

$$q_{nor} = C_c \cdot (T_{c3} - T_{c1}) \tag{6.45}$$

$$q_{exh} = C_c \cdot (T_{c3} - T_{c2}) \tag{6.46}$$

그러므로 단위 시간동안의 연료절감량은

$$\begin{aligned} q_s &= q_{nor} - q_{exh} = C_c \cdot (T_{c2} - T_{c1}) \\ &= q_e = q_{\max} \cdot \varepsilon \end{aligned} \tag{6.47}$$

또한 폐열교환기의 연간운전시간을 t_{op}라 할 경우 연간연료절감량은 다음과 같다.

$$\begin{aligned} Q_s &= \int_{operating\ time} q_s dt \\ &= q_s \cdot t_{op} = q_{\max} \cdot \varepsilon \cdot t_{op} \end{aligned} \tag{6.48}$$

소비되는 연료의 비용이 C_f일 때 연료절감에 따른 연간이익은 식 (6.49)만큼 발생한다.

$$\begin{aligned} AR &= C_f \cdot Q_s \\ &= C_f \cdot q_{\max} \cdot \varepsilon \cdot t_o \end{aligned} \tag{6.49}$$

폐열회수시스템를 설치하기 위해서는 폐열회수용 열교환기를 비롯해, 파이프, 구조물 등의 부자재, 인건비, 시설비 등이 초기투자비로 필요하게 된다.

폐열회수시스템 도입에 따른 초기투자비와 연간연료절감액을 상호 평가하여 시스템도입의 타당성을 분석할 필요가 있다.

연습문제

1. 열교환기에서 380 K에서 응축하는 증기를 사용하여 온도 20℃, 비열 4,180 $J/kg \cdot$ ℃, 질량유량 10,000 kg/s으로 들어오는 물을 65℃로 가열하여 내보내고자 한다. 총괄열전달계수가 2,000 $W/m^2 \cdot K$일 때 열전달면적과 LMTD를 구하라. 단 물과 증기는 열교환기 내에서 혼합되지 않는다.

2. 가스터빈엔진의 윤활유를 냉각하기 위한 대향류 열교환기가 있다. 직경 25 ㎜인 내관에는 질량유량 0.2 kg/s로 온도가 30℃인 냉각수가 흐르고, 냉각수가 흐르는 내관의 대류 열전달계수는 2,250 $W/m^2 \cdot K$이다. 또한 직경 45 ㎜인 외관에는 질량유량 0.1 kg/s로 온도가 100℃인 윤활유가 흐르는데, 윤활유 유동에 따른 대류 열전달계수는 40 $W/m^2 \cdot K$이다. 윤활유의 열교환기 출구온도가 60℃가 되기 위한 관의 길이를 구하시오.

3. 건물 밖으로 배출되는 공기의 폐열을 회수하기 위해 공기 대 공기 열교환기가 운영되고 있다. 출입하는 공기의 질량유량과 비열은 둘 다 5 kg/s, 1,000 $J/kg \cdot$ ℃이고, 외기(T_{c1}) -12℃, 배출되는 공기의 온도(T_{h1}) 27℃, 열교환기의 $U \cdot A$가 11.1 W/K일 때 NTU와 T_{c2}를 구하시오.

4. 오일과 물이 대향류 이중관방식 열교환기 내에서 열교환을 하고 있다. 물의 질량유량은 40 kg/min, 입구온도는 35℃, 비열은 4,180 $J/kg \cdot$ ℃이고, 오일의 질량유량은 170 kg/min, 입구온도는 110℃, 출구온도는 75℃, 비열은 1,900 $J/kg \cdot$ ℃일 때 물의 출구온도를 구하시오. 단, 총괄열전달계수는 320 $W/m^2 \cdot K$, 전열면적은 15.82 m^2이다.

5. 그림 6.1(d)과 같이 핀이 부착된 직교류형 열교환기에서 의해 물과 공기가 열교환을 수행하고 있다. 열교환기 튜브로 비열 4,180 $J/kg \cdot$ ℃인 85℃의 물이 투입되고, 핀으로는 체적유량 2.5 m^3/s, 비열 1,006 $J/kg \cdot$ ℃, 온도 15℃의 공기가 유입되고 있다. 토출되는 공기의 온도를 30℃가 되도록 하기 위한 물의 출구온도와 열전달율을 구하시오. 단, 공기의 총괄열전달계수는 227 $W/m^2 \cdot K$, 열교환기의 총표면적은 9.5 m^2이다.

6. 가스터빈의 배기로부터 에너지를 회수하여 흡입공기를 가열하는 재생열교환기가 있다.공기의 질량유량 70 kg/s, 입구온도 240℃, 배기가스의 질량유량 71 kg/s, 입구온도 540℃이고, 열교환기의 총괄열전도($U \cdot A$)를 370 $kW/$℃라고 할 때 공기와 가스의 출구온도를 결정하시오. 단, 가스와 공기는 매우 유사한 성격을 갖는 것으로 가정하여도 된다.

7장

유체 시스템

7.1 관로시스템의 개요

관로시스템은 크게 배관시스템과 가압시스템으로 이루어진다.

배관시스템은 압력강하에 의해 유체를 한 위치에서 다른 위치로 이송하는 시스템으로, 배관시스템의 형상에는 직관, 곡관, 분기관, 축이음관, 밸브, 댐퍼, 입구, 출구, 수축관, 확장관 등이 있으며, 배관시스템 설계를 위해서는 각 분기점에서 압력강하와 유량을 파악해야 한다.

또한 가압시스템으로는 팬, 펌프, 콤프레샤 등이 있다.

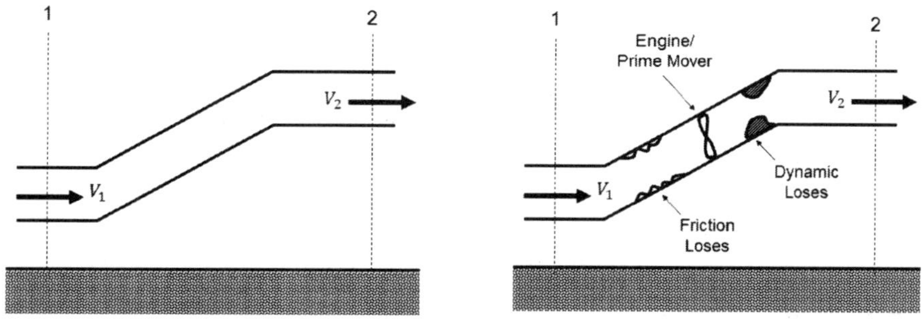

(a)이상 상태 (b)실제 상태

그림 7.1. 관로시스템의 이상과 실제 개념

관로시스템의 위치 1에서 위치 2 사이에 작용하는 연속방정식 혹은 질량보존방정식은 다음과 같다.

$$\dot{m}_1 = \dot{m}_2 \tag{7.1}$$

$$\rho_1 \cdot Q_1 = \rho_2 \cdot Q_2 \tag{7.2}$$

$$\rho_1 \cdot V_1 \cdot A_1 = \rho_2 \cdot V_2 \cdot A_2 \tag{7.3}$$

관내 위치 1과 2 사이를 마찰이 없고 일 및 열전달이 없는 상태로 유체가 흐른다고 가정하면, 에너지 방정식은 유선을 따라 베르누이 방정식을 만족한다.

$$P+\frac{\rho V^2}{2}+\rho g z=Const \tag{7.4}$$

$$(P_1-P_2)+\rho\frac{(V_1^2-V_2^2)}{2}+\rho g(z_1-z_2)=0 \tag{7.5}$$

그러나 유체의 점성, 관로의 형상에 따른 유동장의 교란, 유체가 일을 함으로써 발생하는 압력 저하 등이 발생하게 되므로 식 (7.5)는 실제로 다음과 같이 표현되게 된다.

$$(P_1-P_2)+\rho\frac{(V_1^2-V_2^2)}{2}+\rho g(z_1-z_2)=\Delta P_t \tag{7.6}$$

7.2 관로시스템

7.2.1 관로시스템에서의 마찰손실

관내 유동을 하는 유체는 유체의 점성과 관표면의 거칠기 등의 영향을 받아 마찰손실에 의한 압력손실이 받게 된다.

덕트에서 관의 길이가 L, 관의 직경이 D, 유속이 V일 때, 마찰에 의한 손실수두(H_f)와 압력손실(ΔP_f)은 다음과 같다.

$$H_f=f\frac{L}{D}\frac{V^2}{2g} \tag{7.7}$$

$$\Delta P_f=\rho\cdot g\cdot H_f=\rho\cdot f\cdot\frac{L}{D}\cdot\frac{V^2}{2} \tag{7.8}$$

단, Darcy-Weisbach 마찰계수 f는 관의 직경, 내부표면 거칠기, Re수와 관계 있는 것으로 간단히 다음과 같이 표현된다.

$$f = fn\left(Re, \frac{\varepsilon}{D}\right) \tag{7.9}$$

층류유동인 경우의 마찰계수 f와 압력손실(ΔP_f)은

$$f = \frac{64}{Re} \tag{7.10}$$

$$\Delta P_f = \frac{32\mu VL}{D^2} \tag{7.11}$$

또한 난류유동인 경우($Re > 10,000$)의 f는 다음과 같다.

$$f = \frac{0.3086 \cdot n^2}{\left\{\log\left[\left(\frac{C}{Re}\right)^n + \left(\frac{\varepsilon}{3.7D}\right)^{1.11n}\right]\right\}^2} \tag{7.12}$$

단, $0 < \frac{\varepsilon}{D} < 10^{-4}$ 일 때, $n = 3$, $C = 7.7$

$10^{-4} < \frac{\varepsilon}{D}$ 일 때, $n = 1$, $C = 6.9$

직경이 D인 원형관에서 액주 높이로 표현되는 압력강하(마찰손실수두)는

$$H_f = \frac{\Delta P_f}{\rho \cdot g} = \frac{8 \cdot f \cdot L \cdot Q^2}{\pi^2 \cdot g \cdot D^5} \tag{7.13}$$

즉, 압력강하는 유량의 2승에 비례하고 직경의 5승에 반비례함을 알 수 있다.

사각덕트와 같은 비원형 관에 대해 전술한 수식을 활용하기 위해서는 수력직경(D_h)이라는 개념을 적용하면 된다.

$$D_h = 4 \times \frac{Cross\ section\ area}{Wetted\ perimeter} \tag{7.14}$$

식 (7.14)에서 $Wetted\ perimeter$란, 유체 유동일 경우 관을 가득 채우지 못하는 경우가 발생할 경우 유체와 접촉하고 있는 덕트의 둘레를 말한다.

7.2.2 관로시스템에서의 동적손실

네트워크된 관로의 경우 다양한 지점에서 관 단면의 확대와 축소, 입구, 출구, 연결부, 엘보우, 수축확대 지류, 댐퍼, 필터 등에서 국부적인 동적손실이 발생한다. 이 동적손실의 특성을 무차원수로 나타내는 것이 동적손실계수(C)이다.

동적손실계수를 고려한 일반적인 손실수두(H_d)와 압력강하(ΔP_d)는 각각 다음과 같다.

$$H_d = C \cdot \frac{V^2}{2} \tag{7.15}$$

$$\Delta P_d = \rho \cdot H_d = \rho \cdot C \cdot \frac{V^2}{2} \tag{7.16}$$

예제 7.1 그림 7.2와 같이 관로가 직선관, 분기관, 곡선관 등으로 구성되었을 때 유체의 밀도와 관의 직경이 모두 일정하다고 할 때 각 단면에서의 압력강하를 나타내시오.

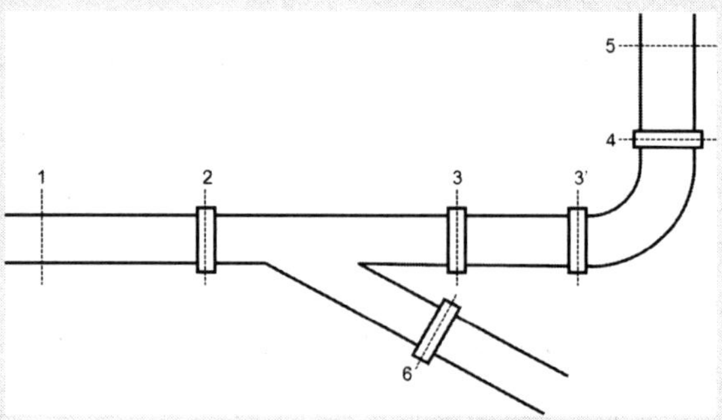

그림 7.2. 관로시스템 예

풀이 유체의 밀도와 관경이 일정하므로 각 구간에서 유속은 다음 관계를 갖는다.

① $V_1 = V_2,\ V_3 = V_4 = V_5,\ V_2 = V_3 + V_6$

각 구간에서의 압력강하는 다음과 같이 나타낼 수 있다.

② $\Delta P_{12} = \rho \cdot f_{12} \cdot \dfrac{L_{12}}{D_{12}} \cdot \dfrac{V_1^2}{2}$

③ $\Delta P_{45} = \rho \cdot f_{45} \cdot \dfrac{L_{45}}{D_{45}} \cdot \dfrac{V_4^2}{2}$

④ $\Delta P_{23} = \rho \cdot C_{23} \cdot \dfrac{V_2^2}{2}$

⑤ $\Delta P_{26} = \rho \cdot C_{26} \cdot \dfrac{V_2^2}{2}$

⑥ $\Delta P_{34} = \rho \cdot C_{34} \cdot \dfrac{V_3^2}{2}$

⑦ $\Delta P_{35} = \Delta P_{34} + \Delta P_{45}$

7.3 관로 네트워크

일반적으로 유체가 흐르는 상호 연결된 파이프로 구성된 시스템을 관로 네트워크라 한다. 관로 네트워크는 직렬 네트워크, 병렬 네트워크, 직렬과 병렬 혼합 네트워크 등으로 구성될 수 있다.

직렬과 병렬이 결합된 관로 네트워크는 다음과 같은 특성을 갖는다.

첫째, 유체 밀도가 일정할 때 각 노드(node, 여러 관로의 접속점)에서 질량 유량의 합은 0이다. 즉,

$$\sum_{node} Q_i = 0 \ \text{혹은} \ \sum_{node} \dot{m}_i = 0 \tag{7.17}$$

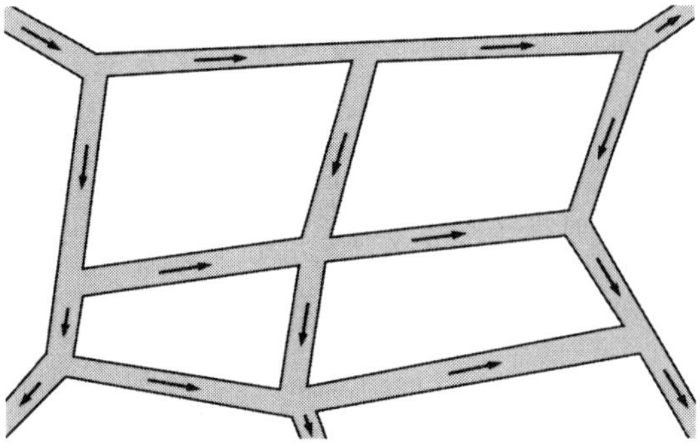

그림 7.3 관로네트워크의 개념

둘째, 각 루프(loop, 노드 사이의 폐회로)에서 루프 주위의 압력강하 합은 0이다.

$$\sum_{node} H_L = 0 \tag{7.18}$$

7.4 동력

원동기 내에서 운동에너지와 위치에너지 차이를 무시할 때의 필요 동력은 다음과 같다.

$$W = \dot{Q} \cdot \Delta P_t = \rho \cdot \dot{Q} \cdot H_L = \dot{m} \cdot H_L \tag{7.19}$$

단, $\dot{Q}$: 체적유량

$\dot{m}$: 질량유량

펌프의 효율이 η_p일 때 유체를 유동시키기 위해 필요한 일은 다음 식으로 계산한다.

$$W_s = \frac{\rho \cdot g \cdot Q \cdot h_p}{\eta_p} = \frac{\gamma \cdot Q \cdot h_p}{\eta_p} \tag{7.20}$$

연습문제

1. 길이 280 m 직경 0.15 m인 파이프 내로 20℃ 물이 2 ㎧ 유속으로 흐르고 있다. 물의 동점성계수가 $1.0 \times 10^{-6}\ m^2/s$일 때 관내에서 발생하는 손실수두를 Moody선도와 관련된 수식을 활용하여 계산하시오.

2. 안쪽 직경이 0.1 m, 바깥 직경이 0.2 m인 동심 2중관 내에 물이 가득한 상태에서 1.5 ㎧의 유속으로 흐르고 있다. 물의 동점성계수가 $1.0 \times 10^{-6}\ m^2/s$일 때 관 길이 60 m에서 발생하는 손실수두를 Moody선도와 관련된 수식을 활용하여 계산하시오.

3. 물이 체적유량 0.2 m^3/s으로 직경 120 ㎜에서 직경 240 ㎜로 확대되어 연결된 관내를 흐른다. 관자체의 마찰을 무실할 때, 직경 120 ㎜ 관내 압력이 100 kPa이라면 240 ㎜ 관내 압력은 얼마인지 계산하시오.

4. 직경 7 ㎝에서 직경 3 ㎝로 연결된 관내를 밀도 850 kg/m^3인 기름이 체적유량 0.02 m^3/s로 흐르고 있다. 직경 축소에 따른 손실계수 K를 문헌에서 찾아 압력손실을 계산하시오.

5. 지점 1에서 지점 2까지 Pipe A와 Pipe B를 통해 둘로 나뉘어 물이 흐르는 그림과 같은 병렬 네트워크가 있다. Pipe A의 길이는 10 m, 직경은 0.01 m, 동적손실은 0.9이다. Pipe B의 길이는 10 m, 직겨은 0.02 m이다. 지점 1에서의 체적유량이 $3\times10^{-3}\ m^3/s$일 때, Pipe A와 Pipe B를 흐르는 체적유량을 각각 구하시오. 단, 물의 밀도는 1,000 kg/m^3, 점성은 $1.02\times10^{-3}\ kg/m\cdot s$이고엘보와 분기점에서의 동적손실은 무시하고 관의 조도는 무시한다.

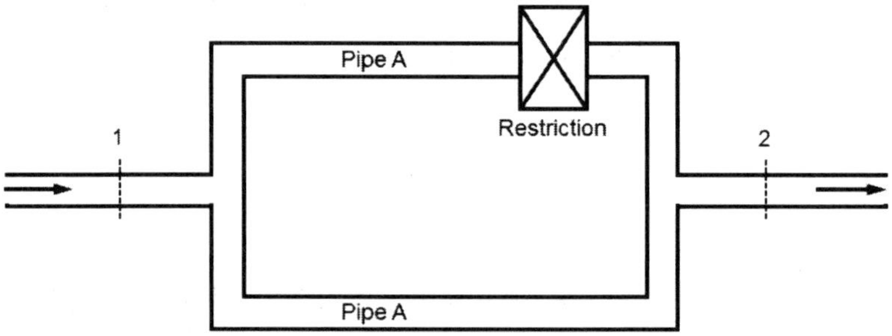

6. 펌프로 지하 4 m의 물을 지상 35 m 높이 옥상 수조까지 2.4 $m^3/\min$의 체적유량으로 송수하고자 한다. 펌프효율 70%, 감속기효율 95%, 여유율 20%이고 관로의 전손실헤드가 9 m인 경우 필요한 원동기출력과 축동력을 구하시오.

7. 직경 0.8 m인 배관을 이용하여 물을 체적유량 80 m^3/s로 12 ㎞ 떨어진 곳에 송수하고자 한다. 원관의 마찰계수가 0.03이고, 펌프의 전효율이 78%일 때 송수를 위해 필요한 수동력과 축동력을 구하시오.

8장

시스템 최적화

8.1 시스템의 개념

여러 장치 혹은 여러 요소의 결합을 시스템이라 한다. 그러므로 시스템의 성능특성을 예측한다는 것은 주어진 각 시스템 구성요소의 입력조건과 상호관계에 의한 출력결과를 예측하는 것이다.

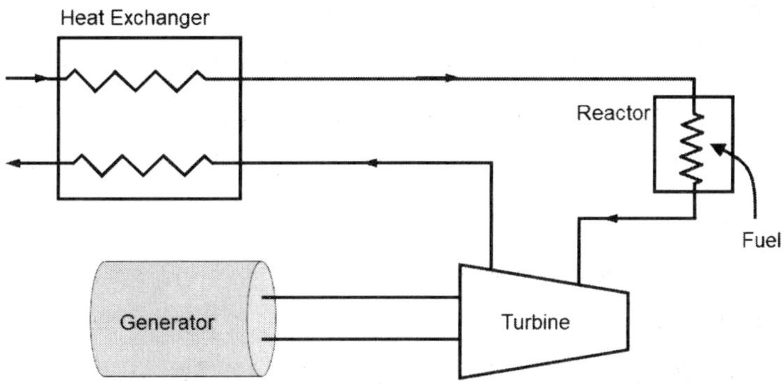

그림 8.1 시스템 구성 사례

예를 들어, 펌프의 압력증가는 다음과 같이 체적유량에 관한 함수의 형태로 표현된다.

$$\Delta P = a + b \cdot Q + c \cdot Q^2 \tag{8.1}$$

그러나 계수 a, b, c가 펌프속도(w)에 영향을 받기 때문에 식 (8.1)은 다음과 같이 표현할 수 있다.

$$\Delta P = \left(a_1 + a_2 w + a_3 w^2\right) + \left(b_1 + b_2 w + b_3 w^2\right) \cdot Q + \left(c_1 + c_2 w + c_3 w^2\right) \cdot Q^2 \tag{8.2}$$

시스템의 성능특성을 해석하기 위해서는, 식 (8.2)의 개별 혹은 전체 구성요소에 대한 각종 특성과 미지의 값을 구하기 위한 충분한 수의 방정식이 제공되어야만 한다.

8.2 시스템 구성요소 및 특성

8.2.1 시스템의 운전특성

시스템의 운전특성은 변수특성의 영향을 받으며 또한 시간에 따른 운전상태의 영향을 받는다.

변수는 독립변수와 입력변수로 구분할 수 있다.

독립변수는 변수가 연속성을 갖는 경우와 불연속적으로 작용하는 경우가 있다. 연속 독립변수의 경우 연속성이 존재하기 때문에 미분방정식을 사용할 수 있으며, 불연속 독립변수의 경우 단일 혹은 분산된 구성요소의 데이터가 다수의 대수적 함수를 제공한다.

입력변수는 결정적 변수와 확률적 변수로 구분할 수 있는데, 결정적 변수는 모든 조건과 함수에 의해 값이 확정되어 있는 변수이며, 확률적 변수는 외기온도조건, 풍력조건과 같이 정확한 조건이 주어지지 않고 값이 통계적 혹은 확률적으로 표현되는 변수이다.

8.2.2 시스템 구성요소와 관계

다양한 장치로 이루어지는 시스템은 장치의 연결 방식에 따라 순차적 장치구성과 동시적 장치구성으로 구분할 수 있다.

순차적 장치구성은 각 구성요소가 다른 구성요소에 독립적으로 작동하고, 한 구성요소의 출력이 곧바로 다음 구성요소로 공급되는 프로세스를 형성한다. 이에 비해 동시적 장치구성은 뒤 단계의 출력이 앞 단계의 입력으로 작동하기 때문에, 해석을 위해서는 연속대입법 또는 Newton-Raphson 방법을 이용해야 한다.

(a)순차적 장치구성 (b) 동시적 장치구성

그림 8.2 시스템의 장치구성 방법

그림 8.3과 같이 코일을 통해 흐르는 물의 유량이 밸브 제어장치에 의해 제어되는 공기가열코일 시스템을 생각해보자. 이 시스템은 동시적 장치구성방식으로 이루어져 있고, 각 장치의 온도와 질량유량의 관계가 그림 8.4와 같다면, 최적해를 유도하는 가장 효율적인 방법은 Newton-Raphson 방법을 활용하는 것이다.

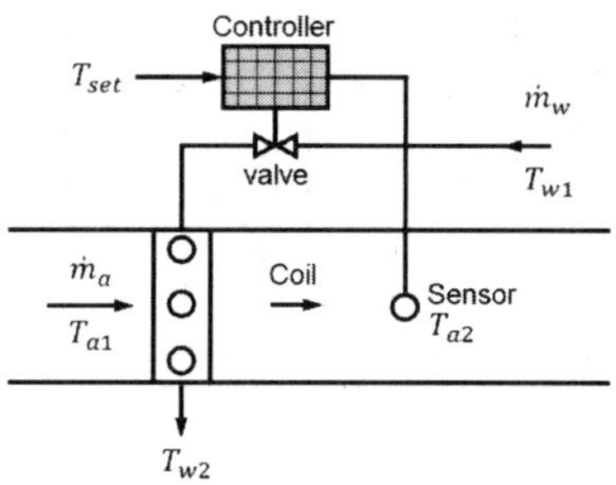

그림 8.3 공기가열코일시스템

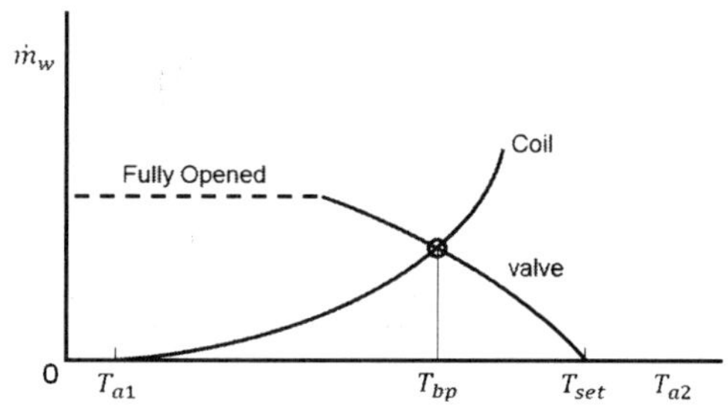

그림 8.4 온도와 질량유량의 관계

Newton-Raphson방법을 간략히 설명하면, 하나의 미지수를 선정하여 이를 기존값(old value)이라 한 후, 이를 관련된 성능방정식에 대입하여 새로운 값(new value)을 도출하고 이를 다시 기존값으로 하여 새로운 값을 도출하는 과정을 기존값과 새로운 값을 비교하여 수렴할 때 까지 반복하는 함으로써 해를 구하는 방법이다. 최초에 어떤 미지수를 선정했는가에 따라 해가 수렴하거나 혹은 발산할 수 있기 때문에, 신속하고 정확하게 해를 얻기 위해서는 미지수를 적절히 선정해야만 한다.

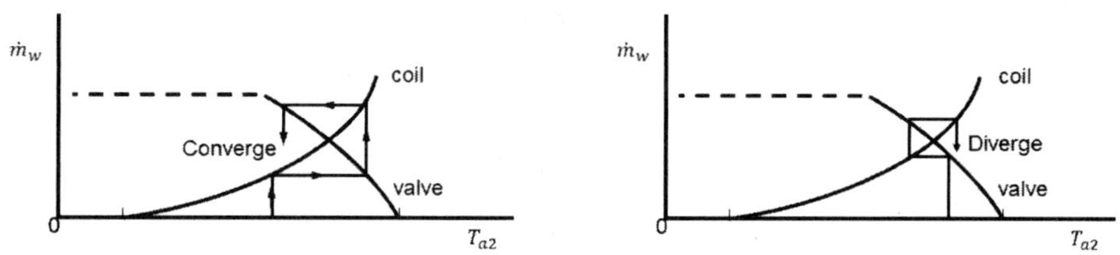

(a) 해가 수렴하는 경우

(b) 해가 발산하는 경우

그림 8.5 Newton-Raphson방법에서 해의 수렴과 발산

예제 8.1 그림 8.6과 같은 공조시스템에 대해 질량보존 및 에너지 방정식을 기호의 형태로 표현하시오.

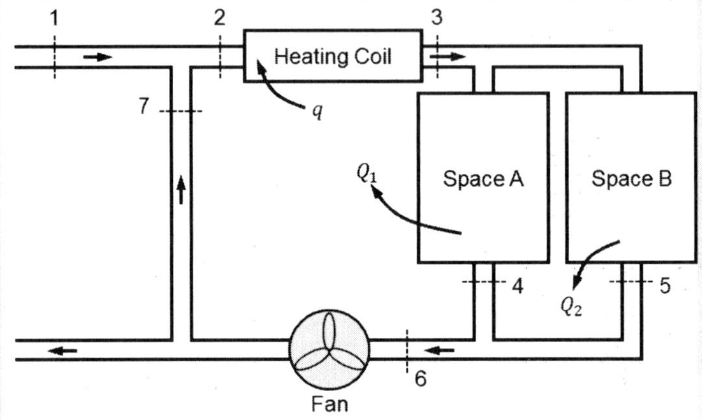

그림 8.6 공조시스템 사례

풀이 질량보존방정식에서

$$\dot{m}_1 + \dot{m}_7 = \dot{m}_2 = \dot{m}_3$$

$$\dot{m}_3 = \dot{m}_4 + \dot{m}_5 = \dot{m}_6$$

$$\dot{m}_6 = \dot{m}_1 + \dot{m}_7$$

에너지보존방정식에서

$$\dot{m}_1 \cdot c_p \cdot T_1 + \dot{m}_7 \cdot c_p \cdot T_7 = \dot{m}_2 \cdot c_p \cdot T_2$$

$$\dot{m}_2 \cdot c_p \cdot T_2 + q = \dot{m}_3 \cdot c_p \cdot T_3$$

$$\dot{m}_4 \cdot c_p \cdot T_3 = Q_1 + \dot{m}_4 \cdot c_p \cdot T_4$$

$$\dot{m}_5 \cdot c_p \cdot T_3 = Q_2 + \dot{m}_5 \cdot c_p \cdot T_5$$

$$\dot{m}_4 \cdot c_p \cdot T_4 + \dot{m}_5 \cdot c_p \cdot T_5 = \dot{m}_6 \cdot c_p \cdot T_6$$

그리고 $T_6 = T_7$ 이다.

8.3 최적화와 구속조건

한 문제에 대해 여러 개의 해가 존재할 수도 있지만, 가능한 모든 해 중에서 가장 적절한 해 즉 최적값을 구하는 것은 매우 중요한다. 최적값을 구하는 과정에서 가장 중요한 것은 최적화 대상을 선정하는 일이다. 최적화 대상은 에너지소비량, 비용의 현재가치 혹은 미래가치, 시간, 무게 등이 될 수 있다. 일반적으로 이러한 것들 중 구하고자 하는 최적화 대상을 목적함수(J)라 하며, 목적함수는 다음 식 (8.3)과 같이 일반화 시킬 수 있다.

$$J = fn(x_1, x_2, x_3, \cdots, x_n) \tag{8.3}$$

이 때 x_1, x_2, x_3, $\cdots$, x_n는 목적함수에 영향을 미치는 독립변수 혹은 설계변수로써 비용, 시간, 압력, 온도, 크기, 질량 유량, 소비전력 등과 같은 것들이 있다.

한편, 각종 변수들과 달리 목적함수의 성능을 제한하는 구속조건(constraint conditions)이 있을 수 있다. 구속조건이란, 예를 들어, 크기와 무게의 한계, 온도와 압력의 범위, 운동에너지, 힘의 평형, 응력과 변형의 제약, 제작과정에서의 요구량 등이다. 또한 구속조건에 작용하는 각 변수들은 같은 요소일 수도 있지만, 반드시 같을 필요는 없으며, 독립변수보다 구속조건이 더 많은 경우도 있다.

일반적으로 구속조건에는 상등구속과 부등구속이 있다. 일반적으로 상등구속은 식 (8.4), 부등구속은 식 (8.5)와 같이 표현된다.

$$\begin{aligned} \Pi_1 &= \Pi_1(x_1, x_2, x_3, \cdots, x_n) = 0 \\ \Pi_2 &= \Pi_2(x_1, x_2, x_3, \cdots, x_n) = 0 \\ &\cdots \\ \Pi_m &= \Pi_m(x_1, x_2, x_3, \cdots, x_n) = 0 \end{aligned} \tag{8.4}$$

$$\begin{aligned} \Pi_1 &= \Pi_1(x_1, x_2, x_3, \cdots, x_n) \ge L_1 \\ \Pi_2 &= \Pi_2(x_1, x_2, x_3, \cdots, x_n) \ge L_2 \\ &\cdots \\ \Pi_j &= \Pi_j(x_1, x_2, x_3, \cdots, x_n) \ge L_j \end{aligned} \tag{8.5}$$

해결하고자 하는 목적 요소와 또한 관련된 구속조건이 문서로 정해진 이후에는 이를 함수로 표현된 최적화 풀이 개념을 정리하는 것이 중요하다. 예를 들어, 압축기(x_{comp}), 증발기(x_{eva}), 응축기(x_{cond}), 펌프(x_{pump}), 냉각탑(x_{CT})으로 구성된 터보 냉동시스템의 부품단가를 최소화하는 시스템을 설계할 경우에는 다음과 같이 목적함수와 구속조건을 함수로 표현할 수 있다.

즉, 목적함수

① $Cost = fn(x_{comp}, x_{eva}, x_{cond}, x_{pump}, x_{CT}) \rightarrow Minimize$

구속조건

② $RT = fn(x_{comp}, x_{eva}, x_{cond}, x_{pump}, x_{CT}) = 2RT$

③ $Temp_{eva} = fn(x_{comp}, x_{eva}, x_{cond}, x_{pump}, x_{CT}) \geq 0℃$

④ $Temp_{cond,out} = fn(x_{comp}, x_{eva}, x_{cond}, x_{pump}, x_{CT}) \leq 100℃$

…

8.4 최적화 방법

8.4.1 라그랑제 곱수에 의한 최적화 방법

일반적으로 공학에서 활용되는 대표적 최적화 방법에는 아래와 같은 것들이 있다. 시스템설계의 문제해결을 위해 아래 방법을 모두 활용하기 보다는 충분한 경험적 관점에서 가장 적합한 방법을 선정하여 사용하는 것이 바람직하다.

(1)라그랑제 곱수 혹은 미적분학적 방법
(2)탐색법
(3)동적방법
(4)형상방법
(5)선형 프로그램
(6)비선형 프로그램

일반적으로 라그랑제 곱수에 의한 문제해결 방법은 다음과 같은 환경에서 유용한 것으로 알려져 있다.

(1)목적함수와 구속함수가 미분가능하다.
(2)구속조건이 상등구속 조건이다.
(3)연속함수이며 불연속점은 허용되지 않는다.

라그랑제 곱수를 활용해 최적값을 구하는 과정은, 가장 먼저 목적함수와 구속함수를 식으로 나타내는 것이다. 예를 들어, 목적함수는 식 (8.3), 구속함수는 식 (8.4)로 정리할 수 있다.

$$J = fn(x_1, x_2, x_3, \cdots, x_n) \tag{8.3}$$

$$\begin{aligned} \Pi_1 &= \Pi_1(x_1, x_2, x_3, \cdots, x_n) = 0 \\ \Pi_2 &= \Pi_2(x_1, x_2, x_3, \cdots, x_n) = 0 \\ &\cdots \\ \Pi_m &= \Pi_m(x_1, x_2, x_3, \cdots, x_n) = 0 \end{aligned} \tag{8.4}$$

또한, 일반적으로 라그랑제 곱수는 아래와 같이 표현된다.

$$\nabla J - \lambda_1 \nabla \Pi_1 - \lambda_2 \nabla \Pi_2 - \cdots - \lambda_m \nabla \Pi_m = 0 \tag{8.6}$$

단, λ_i : 랑그랑제 곱수 $(i = 1, \cdots, m)$

$$\nabla(\,) = \frac{\partial(\,)}{\partial x_1} l_1 + \frac{\partial(\,)}{\partial x_2} l_2 + \cdots + \frac{\partial(\,)}{\partial x_n} l_n$$

l_i : x_i 공간상의 단위벡터 $(i = 1, \cdots, n)$

( ) : 미분가능한 수, 식

위 식으로부터 목적함수의 미지수(n)와 구속함수의 미지수(m)의 합인 $m+n$개의 미지수(x_i, λ_i)에 대해 $m+n$개의 방정식이 만들어진다.

예제 8.2 튜브의 총 길이는 100 m인 Shell & Tube 열교환기를 설계하고자 한다. 튜브 가격(₩900,000), Shell 가격(₩$1,100,000 \times D^{2.5} \times L$), 열교환기의 바닥점유 비용(₩$320,000\ DL$), 튜브의 배열 간격(Shell 단면적(㎡)당 200ea)이 초기비용 구성요소로 작용할 때 초기비용이 최소가 되도록 열교환기의 직경(D)과 길이(L)를 구하시오.

풀이 초기비용 최소화가 문제해결의 목표이므로 목적함수를 다음과 같이 설정한다.

$$① \ Cost = 900,000 + 1,100,000 \cdot D^{2.5} \cdot L + 320,000 \cdot D \cdot L$$

구속조건은

$$② \ 100 = 200 \times \left(\frac{\pi D^2}{4}\right) \times L \quad \Rightarrow \quad L = \frac{2}{\pi D^2}$$

②식을 ①식에 대입한 후, D에 대해 미분하여 최소값을 구하는 식은 다음과 같다.

$$③ \ \frac{d(Cost)}{d(D)} = \frac{2,200,000}{\pi} \cdot D^{0.5} + \frac{640,000}{\pi D^2} = 0$$

③식에서 $D = 1.3\ m$, 또 이를 구속조건에 대입하면 $L = 1.3\ m$가 구해진다. 이상의 결과를 대입하면 초기비용은 1,777,450원이 소요된다.

8.4.2 동적 최적화 방법

동적 최적화 방법은 한 장치의 출력값이 순차적으로 다음 장치의 입력값으로 작용하는 것과 같이 단계적으로 진행되는 프로세스의 문제를 풀 때 매우 유용하다.

예를 들어, 그림 8.7에 제시된 것과 같이 시작 위치(A-3)와 목표 위치(E-3)는 각각 1개씩이지만 B, C, D 단계에서는 각 5개씩의 장치가 연결될 수 있는 동시적 장치구성을 생각해보자. 문제는 여러 경로가 있는 중간단계를 최소화시켜 시작 위치와 목표 위치 사이를 연결하는 최적화된 경로를 찾는 것이다.

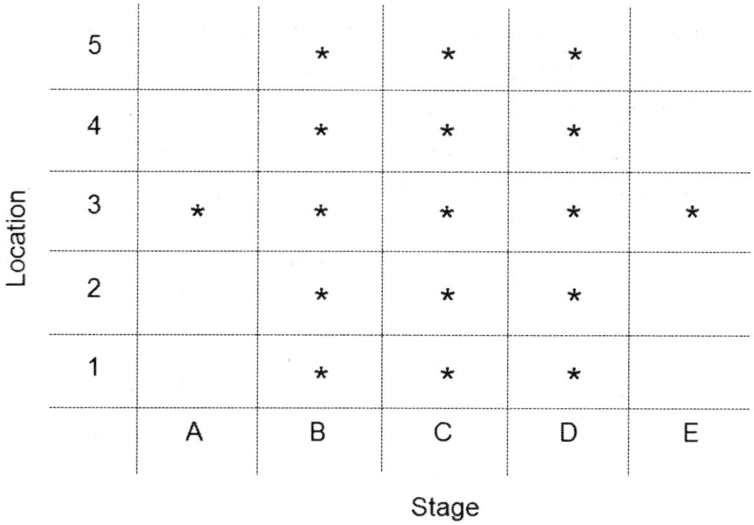

그림 8.7 동시적 장치구성에서의 동적 최적화 방법 개념

프로세스가 m단계, n개 위치로 구성될 때, 시작 위치에서 시작하여 가능한 경로를 모두 선택해 목표 위치로 이동해 간다면 총 경우의 수는 다음과 같다.

$$N_p = m^{n-2} \tag{8.7}$$

그러나 역으로 목표 장치로부터 시작 장치에 이르는 최소경로로 이동해 갈 경우의 총 경우의 수는 다음과 같다.

$$N_m = 2m + (n-3)m^2 \tag{8.8}$$

위 그림 8.7에 대해 식 (8.7), 식 (8.8)을 각각 대입해 보면, 시작 위치에서 출발할 경우 목표 위치에 도달하는 경우의 수는 125개이고, 목표 위치에서 시작 위치로 이동하는 경우의 수는 60개로, 목표 위치에서 시작 위치로 최단 경로를 찾는 것이 상대적으로 빠른 시간 내에 가능하다는 것을 알 수있다.

예제 8.3 그림 8.8에 대해 A위치에서 E위치에 이르는 배관망을 설계하려 할 때 동적 최적화 방법으로 최적경로를 찾으시오. 단, 이 예에서는 시작 위치와 목표 위치를 연결하는 비용이 최소인 경로를 최적경로라 한다. 단, 각 위치 사이를 네트워크화 하는데 소요되는 비용 중 $A \rightarrow B$, $D \rightarrow E$ 구간은 그림에 표시하였고, $B \rightarrow C$, $C \rightarrow D$ 구간은 표 8.1에 정리한 것과 같다.

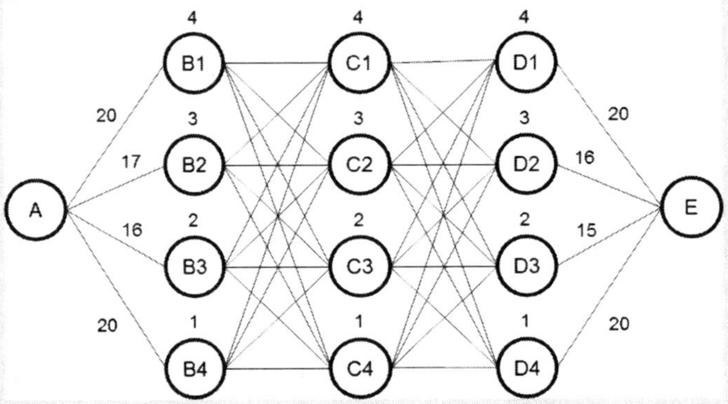

그림 8.8 동적 최적화 방법 문제 사례

표 8.1 B↔C, C↔D 사이의 비용

From	To			
	1	2	3	4
1	12	15	21	28
2	15	16	17	24
3	21	17	16	15
4	28	24	15	12

풀이 앞에서 설명한 것과 같이 목표 위치에서 시작 위치 방향으로 최소비용을 탐색하는 것이 경우의 수가 적기 때문에, 문제 해결을 위해서는 먼저 그림 8.8과 표 8.1을 이용하여 표 8.2와 같이 E → D → C 단계를 구성하는 다양한 경로 중 최소비용이 발생하는 경로를 탐색한다. 두 번째 탐색과정에서는 앞서 얻어진 최소비용을 반영하여 (E → C) → B 단계를 구성하는 다양한 경로 중 최소비용이 발생하는 경로를 탐색한다. 경로별 비용을 표 8.3에 정리하였다. 세 번째 단계에서는 표 8.4에 나타낸 것과 같이 두 번째 단계의 결과를 반영하여 (E → B) → A 단계를 구성하는 다양한 경로 중 최소비용이 발생하는 경로를 탐색한다. 결과적으로 A2 → B2 → C1 → D2 →

E2가 최소비용이 발생하는 최적경로 혹은 최적 프로세스임을 알 수 있다. 단, 표는 이해를 돕기 위해 시작 위치에서 목표 위치 순서로 정리하였다.

표 8.2 C → E 단계 사이의 비용

From	Through	Cost			
		C → D	D → E	Total	Optimum
C4	D4	12	20	32	
	D3	15	16	31	○
	D2	24	15	39	
	D1	28	20	48	
C3	D4	15	20	35	
	D3	16	16	32	○
	D2	17	15	32	○
	D1	21	20	41	
C2	D4	24	20	44	
	D3	17	16	33	
	D2	16	15	31	○
	D1	15	20	35	
C1	D4	28	20	48	
	D3	21	16	37	
	D2	15	15	30	○
	D1	12	20	32	

표 8.3 B → E 단계 사이의 비용

From	Through	Cost			
		B → C	C → E	Total	Optimum
B4	C4	12	31	43	○
	C3	15	32	47	
	C2	24	31	55	
	C1	28	30	58	
B3	C4	15	31	46	○
	C3	16	32	48	
	C2	17	31	48	
	C1	21	30	51	
B2	C4	24	31	55	
	C3	17	32	49	
	C2	16	31	47	
	C1	15	30	45	○
B1	C4	28	31	59	
	C3	21	32	53	
	C2	15	31	46	
	C1	12	30	42	○

표 8.4 A → E 단계 사이의 비용

From	Through	Cost			
		A → B	B → E	Total	Optimum
A	B4	20	43	63	
	B3	17	46	63	
	B2	16	45	61	○
	B1	20	42	62	

연습문제

1. 그림과 같은 공조시스템에서, $\dot{m}_1$, $\dot{m}_2$, Q_1, Q_2, T_1, T_4, T_5, ρ, c_p를 알 수 있을 때, 질량보존 및 에너지 방정식을 적용하여 T_2, T_3, T_6, $\dot{m}_4$, $\dot{m}_5$, q를 기호의 형태로 표현하시오. 단 각 구성요소에서 질량은 증가하거나 감소하지 않으며, 팬에서 열의 출입은 없다.

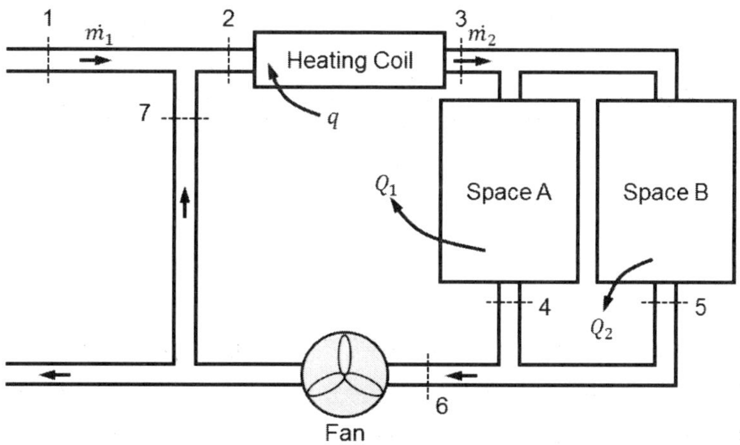

2. 그림과 같은 공조시스템에서, $\dot{m}_1$, $\dot{m}_2$, Q_1, Q_2, T_1, T_4, T_5, ρ, c_p, q_{max}를 알 수 있을 때, 질량보존 및 에너지 방정식을 적용하여 T_2, T_3, T_4, T_7, $\dot{m}_3$, $\dot{m}_4$, $\dot{m}_8$, q_1, q_2를 기호의 형태로 표현하시오. 단 각 구성요소에서 질량은 증가하거나 감소하지 않으며, 팬에서 열의 출입은 없고, $q_{max} = q_1 + q_2$이다.

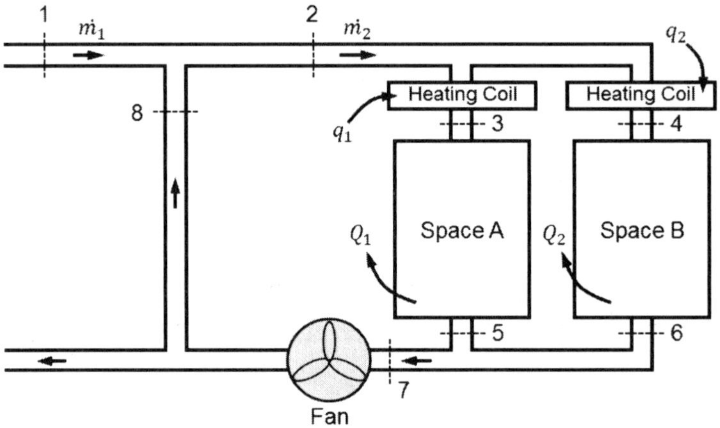

3. 외기 온도 25℃에 대해 실내온도를 -15℃로 유지하기 위한 냉동실 단열재 두께(t, ㎜)를 선정하고자 한다. 단, 검토되고 있는 단열재의 열전도율은 0.035 W/m℃이고 가격은 200,000×t원/m^2이며, 단열재 이외 유량에 대한 저항은 없다. 또한 냉동실은 연속운전으로 냉각되며, 에너지비용은 9,000원/J이다. 목적함수와 구속조건을 기술하고, 최적단열두께 및 면적당 최적비용을 계산하시오.

4. 원형 덕트를 통해 체적유량 1.2 m^3/s의 공기가 흐르고 있다. 다음과 같은 조건에서 10,000시간 동안 운전하고자 할 경우 초기비용과 운전비용이 최소가 되는 덕트의 최적 직경을 구하시오.

(1) 덕트의 길이 : 30 m
(2) 덕트 설치비용 : 덕트 표면적 기준 175,000원/㎡
(3) 덕트의 압력강하 : $\Delta P = 0.02LQ^2/D^5 \ (N/m^2)$
(4) 팬 : 효율 80%, 소비전력 60원/kWh

5. 아래 경로를 갖는 시스템에 대해 A위치에서 E위치에 이르는 배관망을 설계하려 할 때 동적 최적화 방법으로 최적경로를 찾으시오. 단, 이 예에서는 시작 위치와 목표 위치를 연결하는 비용이 최소인 경로를 최적경로라 한다. 단, 각 위치 사이를 네트워크화 하는데 소요되는 비용 중 $A \rightarrow B$, $D \rightarrow E$ 구간은 그림에 표시하였고, $B \rightarrow C$, $C \rightarrow D$ 구간은 표에 정리한 것과 같다.

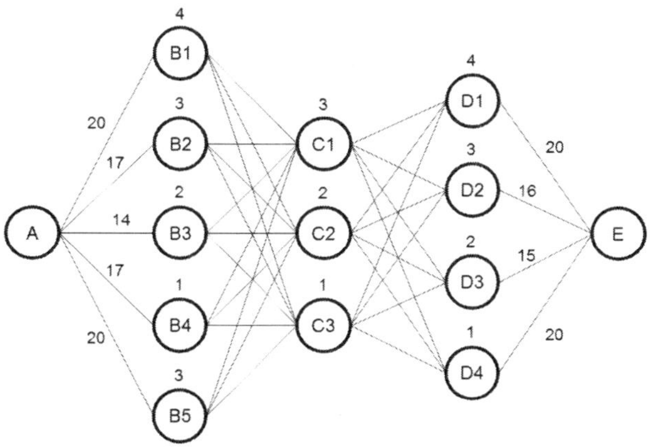

[표] B↔C, C↔D 사이의 비용

From	To				
	1	2	3	4	5
1	12	15	21	28	30
2	15	16	17	24	13
3	21	17	16	15	15
4	28	24	15	12	
5	30	13	15		

9장

에너지 경제학

9.1 기본개념

일반적으로 어떤 설계 혹은 생산 환경에 대한 수요(needs)를 만족시키기 위한 공학적 의사결정에는 기술적 요소뿐 만 아니라, 경제적 요소와 비경제적 요소가 큰 영향을 미친다.

예를 들어, 경제적 요소란 금리, 금융정책 등과 같은 국내외 경제환경과 국내외 경재사의 동향과 같은 경영환경이 있으며, 비경제적 요소로는 국내외 관련 법률, 인력고용, 근로환경 개선 등과 관련된 사회적 이슈, 자연오염과 같은 환경문제 등이 포함된다.

공학적 의사결정에는 기술 이외에 의사결정과 관련된 다양한 경제적 판단이 필요하기 때문에, 공학자는 어떤 종류의 기술개발투자가 충분한 수익을 내기 위한 경제적 시스템을 개발, 설계, 평가, 분석할 수 있어야만 한다.

시스템을 설계 할 때 가장 중요한 것 중 하나가 『최적화』이며, 경제적 관점에서의 『최적화』란 『실현 가능한 이익을 최우선으로 하는 시스템의 경제성 확보』를 목표로 해야 한다. 또한 시스템의 경제성이란 초기투자비용의 최소화와 수명기간 혹은 사용기간 중 총비용의 최소화를 기본으로 한다.

사회적 관점, 경제적 관점에서 돈(money)은 개인의 신체적, 정신적 노동에 대한 보수이고, 어떤 재회를 구매하기 위한 교환 수단으로 정의된다. 그런데, 돈의 가치는 절대적이지 않으며 상대적이며, 시간의 영향을 받으며 또한 다양한 형태를 갖고 있다. 예를 들어, 상대적 관점에서 ₩10,000과 ₩100,000은 양적 차이가 있으며, 같은 ₩10,000이라도 1970년과 2016년의 가치는 다를 수 밖에 없다. 그리고 현금, 수표, 채권, 주식, 부동산(주택, 차, 보석, 회원권 등) 등이 다른 형태 이지만 돈의 의미를 갖고 있다.

9.2 이자

기업경영을 하면 자금 혹은 재화가 남거나 부족한 경우가 발생하는데, 자금이 남을 때는 저축 혹은 투자가 가능하지만, 자금 혹은 재화가 부족할 때는 대출을 통해 자금 혹은 재화를 확보할 수 있다. 이와 같이 대출 받은 자금 또는 재화에 대해서는 이자를 지불해야 한다. 일반적인 단순한 대출일 경우 차용자는 차용기간 동안 약정한 이자를 지급하고 마지막에 원금을 반납하거나 혹은 약정한 매 기간마다 원리금을 지불할 수 있다.

그런데 현재의 1,000원과 5년 후의 1,000원은 가치가 다르기 때문에 이자는 돈의 시간적 가치와 매우 깊은 관련이 있다. 경제적 계산을 하는 사람들은 돈의 가치가 『양』과 『시간』이라는 두 측면을 동시에 가지고 있음을 반드시 명심하고, 경제적 가치를 평가하기 위해 사용되는 다양한 공식에는 『양』을 같은 『시간』에 일치시키는 작업이 필수적이다.

9.2.1 단리이자

단리이자는 이자의 가장 기본적 형태이다. 단리이자는 현재의 원금 P를 연이자율 i로 n년간 차용한 경우 차용기간 중에 발생하는 이자로 간단하게 다음 식으로 나타낼 수 있다.

$$I = n \cdot P \cdot i \tag{9.1}$$

그러므로 차용기간이 종료된 시점에서 채권자가 받을 수 있는 금액 혹은 채무자가 지불해야하는 금액(미래가치, FW, Future Worth)은 다음과 같다.

$$FW = P + I = P(1 + n \cdot i) \tag{9.2}$$

예제 9.1 원금 P=1억원, 이자율 i=10%, 차용기간 n=5년일 때 만기에 채권자의 반환금액을 단리를 적용하여 계산하시오.

풀이 식 (9.2)를 활용하여 계산하면 5년후의 반환금액은 150,000,000원이 된다.

9.2.2 복리이자

단리이자의 개념과 달리, 실제로 채권자가 매년 이자를 지급받는다면 해마다 $P \cdot i$의 수익이 발생하고 이를 다시 투자할 수 있기 때문에, 수익을 다시 투자한다면 $(P \cdot i) \cdot i$만큼의 이익이 발생하게 된다. 즉, 복리이자란 원금에 대한 이자가 정해진 기간 말에 발생되고, 이 이자는 다시 원금에 더해져서 다음 기간 동안의 이자를 계산하는데 함께 반영된다는 의미이다. 현재가치PW인 원금P를 연금리 i로 연초에 은행에 정기예금으로 예치하고 n년이 경과한 후의 미래가치 FW를 수식으로 표현하면 다음과 같다. 단, 식 (9.3)은 금리는 예금기간 중 고정되어있고 예금에 대한 이자는 계좌에 그대로 남겨둔다고 가정하에 성립한다.

$$FW = PW(1+i)^n \tag{9.3}$$

단, PW : 현재가치

식 (9.3)은 아래와 같이 기술적으로 표현되기도 한다.

$$FW = PW(1+i)^n = PW(F/P,\ i,\ n) \tag{9.4}$$

위 식에서 아래 등식이 성립하게 되는데,

$$(F/P,\ i,\ n) = (1+i)^n \tag{9.5}$$

여기서 F/P를 『미래가치 계수』 또는 『현재 지불로 나타낸 미래가치』라 한다.

또한 식 (9.4)로부터 아래 식이 유도된다.

$$PW = \frac{FW}{(F/P,\ i,\ n)} = FW(P/F,\ i,\ n) \tag{9.6}$$

식 (9.6)]에서 P/F를 『현재가치 계수』 또는 『미래의 지불로 나타낸 현재가치』라 한다.

$$(P/F,\ i,\ n) = (1+i)^{-n} \tag{9.7}$$

현재가치와 미래가치를 이해하는 매은 매우 중요하다. 간단히 예를 들어 설명하면, 1년 정기예금 이자율(i)이 10%일 때 현재 1억원을 1년간 정기예금에 납입한다면 1년 후에는 1억 1천만원을 받을 수 있게 된다. 여기서 1억원은 현재가치이고 1년 후의 1억 1천만원은 미래가치이다.

미래가치의 관점에서 이자율 i를 할인율(rate of discount) 그리고 현재가치를 할인가치(discount value)라고도 한다. 일반적으로 미래가치가 확실할 때는 위와 같이 현재가치를 평가하지만, 미래가치가 불확실한 때에는 불확실성의 정도에 따라 할인율이 상승하게 된다.

복리의 미래가치 계수(F/P)는 식 (9.5)로 나타낼 수 있지만, 일반적으로 복리는 1년에 1회 이상 계산되기 때문에 F/P는 다음 식으로 표현하는 것이 보다 현실적이다.

$$(F/P,\ i/m,\ n \cdot m) = (1+i/m)^{n \cdot m} \tag{9.8}$$

식 (9.8)에서 i는 연이자율, n은 차용연수, m은 1년간 복리 적용 횟수이기 때문에, 수식 내 i/m은 이자가 계산될 때마다의 이자율, $n \cdot m$은 이자가 계산되는 총 횟수를 의미한다.

예제 9.2 원금 P=1억원, 이자율 i=10%, 차용기간 n=5년일 때 만기에 채권자의 반환금액을 복리를 적용하여 계산하시오.

풀이 식 (9.3)을 활용하여 계산하면 반환금액은 161,051,000원이다.

예제 9.3 원금 1천만원을 연 이자율 10%로 15년간 차용하고 이자는 매 분기 계산할 때의 15년 후의 미래가치를 계산하시오.

풀이 식 (9.3)과 식 (9.8)을 활용해 계산하면 미래가치는 43,997,897.5원이 된다.

9.2.3 연속복리

사업을 할 때 사업가는 현금을 하나의 시간적 흐름으로 취급하기 때문에, 복리의 계산 간격을 짧게 하는 것은 사업 수행에서 상당히 현실적 방법이다. 또한 이자의 계산 간격을 매우 짧게 하여 일별로 이지를 계산하는 것이 예금이나 대출 제도에 상당히 적용되고 있는 실정이다.

이와 같이 복리의 계산 간격을 매우 짧게 하여 계산하는 적용하는 것을 연속복리라 한다. 개념적으로 복리의 미래가치 계수를 나타내는 식에서 이자계산 횟수 m이 매우 크다고 가정하는 것이다.

연속복리를 수식으로 표현하면 다음과 같이 나타낼 수 있다.

$$(F/P,\, i,\, n)_{const} = \left|(1+i/m)^{n\cdot m}\right|_{m\to\infty} \tag{9.9}$$

$$\begin{aligned}\ln(F/P)_{const} &= n\cdot m\cdot \ln(1+i/m)\\ &= nm\left[0+\frac{i}{m}-\frac{\left(\frac{i}{m}\right)^2}{2}+\frac{\left(\frac{i}{m}\right)^3}{3}-\cdots\right]\\ &= n\left[i-\frac{\frac{i^2}{m}}{2}+\frac{\frac{i^3}{m^2}}{3}-\cdots\right]\\ &= n\cdot i\end{aligned} \tag{9.10}$$

즉, 미래가치 계수는 다음과 같이 정리된다.

$$(F/P,\, i,\, n)_{const} = e^{i\cdot n} \tag{9.11}$$

그러므로 연속복리일 때의 미래가치로 주어진 현재의 가치는 다음 식으로 표현된다.

$$PW = FW \cdot e^{-i \cdot n} \tag{9.12}$$

예제 9.4 1억원을 10년간 연이자율 10%로 연 1회 이자를 계산하는 경우와 연속복리를 적용하는 경우 미래가치를 비교하시오.

풀이 연 1회 이자를 계산하는 경우의 이자

$$(1+0.1)^{10} = 2.5937$$

연속복리를 적용한 경우의 이자

$$e^{(0.1*10)} = 2.7183$$

9.3 연속지불

9.3.1 연속지불의 개념

경영기법 방법 상 일정 금액을 분할하여 지급하면서 미래가치를 달성하거나 현재가치를 보존하는 방법 필요하다. 분할 지급을 통해 미래가치를 달성하는 간단한 예를 들면, 정기적금은 매달 일정한 금액을 정해진 기간 동안 은행에 예치하면 만기가 되었을 때 원금과 이자를 포함한 약정 금액(미래가치)을 지불받는 것이고, 주택이나 자동차 등을 구입할 때 현금이 부족하면 은행 또는 금융기관에서 대출을 받고, 대부분 매월 일정한 금액을 지불하면서 채무를 상환하여 미래가치를 확보할 수 있다.

이와 같은 연속지불의 종류에는 상환기금, 분할(할부)대부, 증가지불의 방법이 많이 활용되고 있다.

9.3.2 상환기금

상환기금이란 채권의 발행자가 만기상환시의 과중한 자금 부담을 줄이기 위하여 정기적으로 일정액을 기업내부에 유보하는 특별기금을 조성한대서 유래하였다. 그러므로 상환기금의 목적은 미래에 필요한 돈의 총액을 창출하는 것 또는 미래에 발생할 채무상환을 위하여 기금을 적립하는 것이다. 기업은 주로 정기적금, 증권투자 등의 형태로 운용하고 개인은 대부분 적금의 형태로 운용하는 것으로 알려져 있다.

매월 상환해야 하는 경우, 상환기금을 지불하는 시기는 그림 9.1과 같이 월말에 지불하는 방법과 그림 9.2와 같이 월초에 지불하는 방법이 있다.

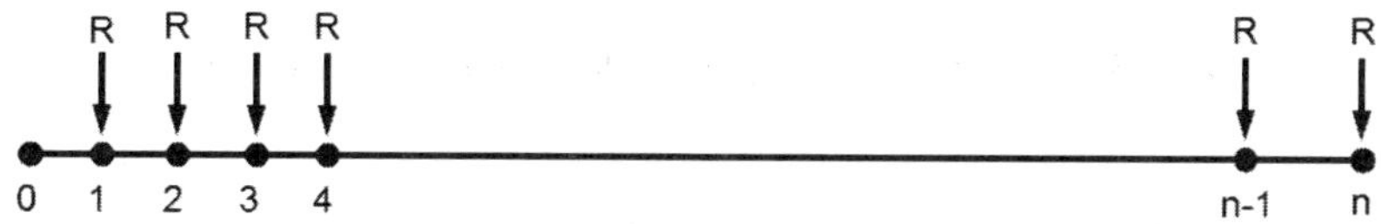

그림 9.1 상환기금을 월말에 지불

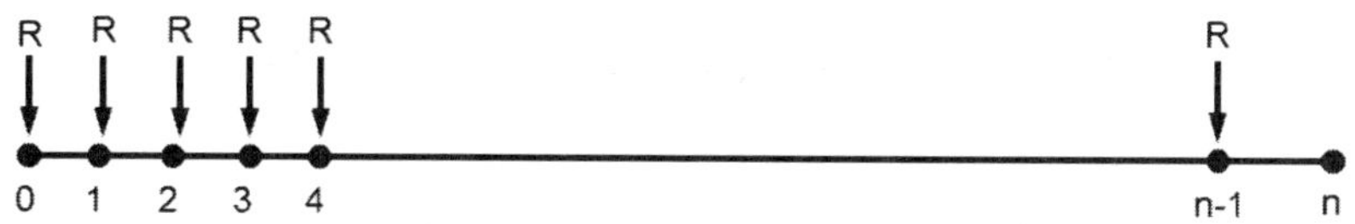

그림 9.2 상환기금을 월초에 지불

먼저, 상환기금을 매 월말에 지불하는 경우를 생각해 보자. 매번 산환액 R을 i의 이자율로 n번 지불해야 하고, 첫 지불은 첫 월말에 이루어졌고 마지막 지불은 n번째 월말에 이루어졌을 때의 모든 지불에 대한 미래가치(FW)는 다음과 같다.

$$\begin{aligned} FW &= R\left[1+(1+i)+(1+i)^2+\ \cdots\ +(1+i)^{n-1}\right] \\ &= R(F/A,\, i,\, n) \end{aligned} \tag{9.13}$$

$$(F/A, i, n) = \frac{(1+i)^n - 1}{i}, \quad F/A \text{ : 연속지불에 의한 미래가치} \tag{9.14}$$

식 9.13과 식 9.14로부터 상환액은 다음 식으로 계산할 수 있다.

$$R = FW(A/F, i, n) \tag{9.15}$$

$$(A/F, i, n) = (F/A)^{-1} = \frac{i}{(1+i)^n - 1} \tag{9.16}$$

예제 9.5 회사에서 연간 1,000,000원을 연이자율 10%, 적립기간 30년으로 설계했을 때 30년 후의 미래가치를 계산하시오

풀이 식 (9.14)를 활용해 계산된 미래가치는 164,494,022원이다.

이와 달리, 상환기금을 매 월초에 지불하는 경우, 매번 R을 i의 이자율로 n번 지불해야 하고, 지불이 매 월초에 이루어졌을 때의 모든 지불에 대한 미래가치 (FW)를 생각해 보자.

예를 들어, 3번째 지불시기 말의 가치는 다음과 같이 표현된다.

$$FW = R(1+i)^3 + R(1+i)^2 + R(1+i) \tag{9.17}$$

$$= R(1+i)\frac{(1+i)^3 - 1}{i} \tag{9.18}$$

이를 n기간에 대한 일반식으로 표현하면

$$FW = R(1+i)\frac{(1+i)^n - 1}{i} \tag{9.19}$$

식 (9.19)로부터 상환해야하는 모든 기간에 대한 미래가치는 아래 식으로 표현될 수 있음을 알 수 있다.

$$FW = R(1+i)(F/A,\, i,\, n) \tag{9.20}$$

예제 9.6 보유하고 있는 주택에 대한 재산세로 연말에 120만원을 납부해야 하는데, 이를 충당하기 위하여 매월 10만원을 1월부터 월초에 은행에 납부하면 연말에 은행에서 세금을 납부해 주는 금융 상품이 연이자율 i=12%, 불입회수 m=12일 때 이 조건에서의 미래가치를 구하시오.

풀이 식 (9.19)를 활용한 계산에서 미래가치는 1,280,932원으로 평가된다.

9.3.3 분할대부

분할대부는 주기적으로 약정된 금액을 지불함으로써 채무를 변제하는 방법을 말하는 것으로, 일반적으로 첫 번째 지불은 첫 번째 지급 기간의 말에 이루어진다.

분할대부의 경우, 이자율(i)과 납입금(R)이 변하지 않고 총지불횟수가 n일 때의 현재가치(PW)는 다음과 같다.

$$PW = R(P/F,\, i,\, 1) + R(P/F,\, i,\, 2) + \cdots + R(P/F,\, i,\, n) \tag{9.21}$$

식 9.7에서 $(P/F,\, i,\, n) = (1+i)^{-n}$ 이므로

$$\begin{aligned} PW &= R\left[\frac{1}{1+i} + \frac{1}{(1+i)^2} + \frac{1}{(1+i)^3} + \cdots + \frac{1}{(1+i)^n}\right] \\ &= R(P/A,\, i,\, n) \end{aligned} \tag{9.22}$$

$$\begin{aligned} (P/A,\, i,\, n) &= \frac{1}{1+i} + \frac{1}{(1+i)^2} + \frac{1}{(1+i)^3} + \cdots + \frac{1}{(1+i)^n} \\ &= \frac{(1+i)^n - 1}{i(1+i)^n} = \frac{1-(1+i)^{-n}}{i} \end{aligned} \tag{9.23}$$

또한 식 (9.22)와 식 (9.23)으로부터 현재가치(PW)의 원금에 대한 지불금액(R)은 다음 식으로부터 계산할 수 있다.

$$R = PW(A/P,\ i,\ n) \tag{9.24}$$

$$(A/P,\ i,\ n) = \frac{i(1+i)^n}{(1+i)^n - 1} = \frac{i}{1-(1+i)^{-n}} \tag{9.25}$$

예제 9.7 보유 설비를 담보로 현금가치 1억원을 20년 동안 고정금리 11%의 연리로 매월 상환하기로 할 때, 매달 지불해야하는 금액을 계산하시오.

풀이 식 (9.25)를 활용하면 매달 1,032,188원을 지불해야 하는 것으로 예측된다.

9.3.4 증가지불

상환액 혹은 지불액이 정해진 기간 동안 일정했던 지금까지와 달리, 주기적으로 지불을 해야 하지만 경우에 따라 지불시기마다 지불액이 달라지는 경우 발생하는데 이러한 지불 형태를 증가지불이라 한다. 증가지불이 발생하는 원인은 연료비용의 상승, 장비의 노후화에 따른 유지보수 비용의 증가, 세금증가 등일 수 있다.

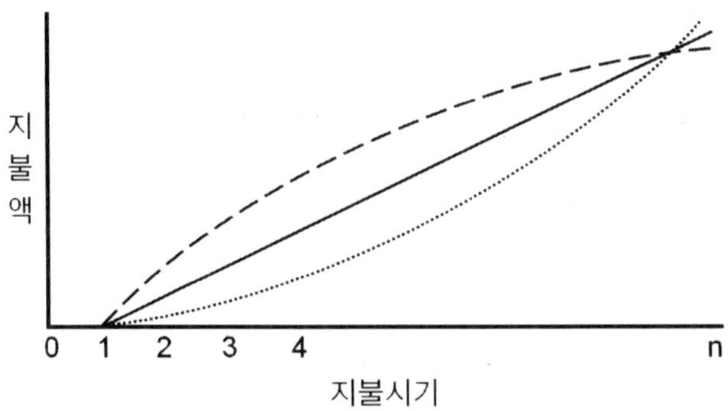

그림 9.3. 지불시기에 따른 지불액의 증가

9.4 물가상승

국내외의 다양한 요인에 의해 물가상승이 발생하게 된다. 연간 물가상승률이 j라고 한다면 해마다 $1+j$만큼 돈의 가치를 감소시키게 된다.

연 이자율이 i이고, 연간 물가상승률이 j일 때 현재가치(PW)의 n년 후의 미래가치(FW)는 다음과 같다.

$$FW = PW\left(\frac{1+i}{1+j}\right)^n \tag{9.26}$$

만약 연간 물가상승률과 이자율이 같다면, 즉 $i=j$라면, $FW=PW$가 되므로 결과적으로 물가상승에 의해 투자가치가 증가하지 않는 상황이 발생한다.

현실적으로 물가상승과 이자율(할인율)이 공존하므로, 물가 상승이 보상된 할인율, 즉 유효이자율(d_j)의 개념이 필요하다. 유효이자율의 개념을 도입한 현재가치와 미래가치의 관계는 다음과 같다.

$$FW = PW(1+d_j)^n \tag{9.27}$$

$$1+d_j = \frac{1+i}{1+j} \tag{9.28}$$

$$d_j = \left(\frac{1+i}{1+j}\right) - 1 = \frac{i-j}{1+j} \tag{9.29}$$

9.5 채권

채권 발행은 은행대출, 주식발행과 함께 기업이 자본조달 방법 중 하나이다. 채권의 경우, 채권의 액면가는 채권 만기가 도래하였을 때 채권 소유자가 발행한 회사 또는 기관에 채권을 제시하고 돌려받는 금액을 의미하며, 채권 소유자는 정해진 이자율에 따라 이자를 지급받게 된다.

채권의 특징은 경우에 따라 채권의 이자에는 국세 또는 지방세가 과세가 되지 않기 때문에 유효 이자율은 채권의 액면 이자율보다 높게 되는 경우도 있다는 것과 채권의 원 구매자는 채권 만기 이전에 채권을 매각할 수 있지만, 채권을 매각하는 경우 그 가격은 액면가보다 낮을 수도 높을 수도 있다는 것이다.

9.6 감가상각

감가상각이란 기계설비와 같은 장비나 건물, 광산과 같은 재산의 가치가 사용함에 따라 감소하는 것을 고려해야 한다는 것으로, 감가상각을 하는 주된 이유는 낡은 장비나 기술적으로 수명이 다한 장비를 새 것으로 교체할 수 있도록 하기 위함이다.

또한 기업경영의 관점에서 감가상각은 기업의 세금을 결정할 때 장비의 가치가 하락하는 것을 사업에 소요되는 비용으로 간주하여 연간 비용으로 책정할 수 있게 되는데, 이는 자본 구매를 활성화하는 효과가 있다.

감가상각을 계산하는 방법에는 직선법과 연수합계법이 있다.

먼저 직선법(SL)은 장비의 초기비용(P)과 잔존가치(S)의 차이를 과세기간(n)으로 나누는 방법으로 다음 식 (9.30)과 같이 계산된다. 이 때 잔존가치는 시기적으로 변하기 때문에 확정된 금액은 아니지만, 소유자가 더 이상 원하지 않는 물건의 해당 시점에서의 가치를 의미한다.

$$D = \frac{P - S}{n} \tag{9.30}$$

연수합계법에서의 감가상각은 해마다 변하게 되므로 감가상각액은 연차별로 계산해야 하는데, 감가상각이 계산되는 사용경과기간(t) 시점에서의 감가상각은 다음과 같다.

$$D = 2\left[\frac{n - t + 1}{n(n+1)}\right](P - S) \tag{9.31}$$

9.7 세금

소득세는 기본적으로 이익에 기초한다. 기업의 관점에서 이익이란 회사의 소득과 비용의 차이를 의미하는데, 회사가 내야 할 세금(TX)는 다음 식으로 계산된다.

$$TX = t_x (I - E - D) \tag{9.32}$$

단, t_x: 회사에 대한 세율, I:소득, E:비용, D:감가상각액

9.8 경제성 평가의 기본개념

에너지시스템은 대부분 자본이 투자되고 에너지를 소비하는 시스템을 포함하고 있기 때문에, 그 경제적 유용성이 반드시 평가되어야 한다.

그러나 에너지시스템은 일반적으로 에너지 절약효과는 미래에 발생하고, 에너지 비용은 계속 변동되고, 장기적으로는 계속 증가하는 경향이 있으며, 돈의 가치도 시간에 따라 변하는데, 에너지시스템 수명은 설계자의 의도에 따라 기간이 정해져 있다는 특징이 있다.

기술적으로 간단히 표현하면 에너지시스템의 경제성은 초기 비용, 운용 경비, 소득(에너지절약) 그리고 잔존 가치로 평가될 수 있다는 의미이며, 보다 거시적인 에너지 경제학의 관점에서는 단순원금회수기간, 연료가격상승비용, 현금흐름의 경제학, 수명의 경제학 등의 개념이 반영되어야만 한다.

9.8.1 에너지절약비용

에너지를 포함하는 경제적 분석의 핵심요소는 자본비용(Capital Cost, CC)과 연간회수비용(Annual Return, AR)이다. 예를 들어, 선택으로 A와 B가 있고, A는 B보다 에너지효율이 좋지만 A가 B보다 가격이 비싼 경우에는

$$CC = IC_A - IC_B,\ AR = F_B - F_A \tag{9.33}$$

단, IC : 초기투자비, F : 연료비

단위에너지당 연료비용(C_f)이 다음 식으로 표현된다면

$$C_f = \frac{P_f}{H_v \cdot \eta_f} \tag{9.34}$$

단, P_f :연료 가격, H_v :연료 발열량, η_f :연료 연소효율

에너지의 현재 가격을 기준으로 연간 Q_s만큼의 에너지가 절약된다면 연간 절약(회수)되는 에너지비용은 다음과 같다.

$$AR = Q_s \cdot C_f \tag{9.35}$$

일반적으로 단위에너지당 연료비용은 원가, 효율, 서로 다른 발열량을 갖는 연료를 비교할 경우 매우 유용하게 활용된다. 에를 들어, 만약 에너지부하량이 같을 때 단위에너지발열량당 연료비용은 효율에 따라 변화하게 된다. 에너지소비시스템 A와 B의 에너지원은 같지만 효율이 η_{low}, η_{high}로 다를 경우의 연간 절약되는 에너지비용은 다음과 같다.

$$AR = Q_s \cdot \frac{P_f}{H_v} \cdot \left[\frac{1}{\eta_{low}} - \frac{1}{\eta_{high}}\right] \tag{9.36}$$

9.8.2 단순원금회수기간

연료절약양이 증가된 자본비용과 같아지는데 걸리는 기간을 단순원금회수기간(R_s)이라 한다. 단순원금회수기간은 다음 식으로 나타낸다.

$$R_s = \frac{CC}{AR} \tag{9.37}$$

또한, 투자에 대한 단순이익(SRI)은 위 식을 이용하여 다음과 같이 표현된다.

$$SRI = \frac{AR}{CC} \tag{9.38}$$

그러나 실제적으로는 연료인상, 경제가치의 변화 등을 포함하고 있지 않기 때문에, 투자의 유용성을 검증하기 위해서는 R_s나 SRI보다 더 복잡한 경제적 개념의 도입이 필요하다

9.8.3 연료가격 상승비용

오랜 기간에 걸쳐 평가할 필요가 있는 경우 연료가격은 변동하기 쉽다. 그러므로 연료가격상승률(f)에 대한 연간회수비용의 변화를 검토해야만 하는데, 이 경우 n년 후의 연간회수비용을 계산하는 식은 다음과 같다.

$$AR_n = AR(1+f)^n \tag{9.39}$$

그러므로 n년까지의 누적연간회수비용을 계산하기 위해서는 식 9.40이 사용되어야만 한다.

$$\sum AR \tag{9.40}$$

분석기간 n년 동안 연간회수비용(AR)과 연료가격상승률(f)이 상수로 고정되었을 경우의 연료가격상승을 고려한 회수기간(N_f)은

$$\Sigma 자본비용 = \Sigma 연료절약비용 \tag{9.41}$$

$$CC = AR\left[(1+f) + (1+f)^2 + \cdots + (1+f)^n\right] \tag{9.42}$$

$$R_s = \frac{CC}{AR} = (1+f)\left[1+(1+f)+\ \cdots\ +(1+f)^{n-1}\right]$$

$$= (1+f)\frac{(1+f)^n - 1}{f} \tag{9.43}$$

$$N_f = \frac{\ln\left(1+\dfrac{R_s \cdot f}{1+f}\right)}{\ln(1+f)} \tag{9.44}$$

예제 9.8 단순원금회수기간이 10년이고, 연간연료가격 상승률이 10%일 때, 연료가격 상승을 고려한 회수기간을 계산하시오.

풀이 식 (9.44)를 활용하면 연료가격 상승률을 고려한 회수기간은 6.784년으로 예측된다.

9.9 투자대비 회수율

9.9.1 한계할인율

금융권에서 이자가 발생하면 일반적으로 이자에 대한 세금을 부과한다. 이자에 대한 세금(t_x)을 고려한 채권자 입장에서의 할인율(유효이자율)은 다음과 같다.

$$i_d = i(1-t_x) \tag{9.45}$$

에너지시스템의 경제성을 고려할 때는 연료가격상승률과 유효이자률을 결합한 한계할인률의 개념이 반영된다. 한계할인율(d_i)을 계산하는 방법은 다음과 같다.

$$d_i = \frac{1+i_d}{1+f} - 1 = \frac{i_d - f}{1+f} = \frac{i(1-t_x)-f}{1+f} \tag{9.46}$$

예제 9.8 연이자율12%, 세금 30%, 연간연료가격상승률 8%일 때의 한계할인율은 얼마인가?

풀이 식 (9.46)을 활용하면 한계할인율은 0.37%가 된다.

9.9.2 투자 회수율(ROI)

투자에 대한 회수율(ROI, Return On Investment)은 다음 식으로 계산된다.

$$ROI = \frac{(1+d_i)(1+f)-1}{1-t_x} \tag{9.47}$$

ROI가 은행 이자율 i보다 크다면, 자본 CC를 이자율 i를 은행에 예치하는 것보다 에너지에 투자하는 것이 더 유리하다는 의미이다.

ROI는 설비투자자본 대한 연이자, 세금, 물가상승률 등을 종합적으로 고려하므로 설비투자의 실질 이익율을 평가할 수 있다. 이와 같이 엔지니어가 신규로 설비를 도입하거나 변경, 증개축시에 반드시 평가해야만 하기 때문에 ROI분석은 매우 중요하다.

한편, 한계할인률을 고려한 실제회수기간은 다음과 같다.

$$N = -\frac{\ln(1-R_s d_i)}{\ln(1+d_i)} \tag{9.48}$$

예제 9.8 단순회수기간이 10년, 연이자율 12%, 소득에 대한 세금 30%, 연간연료가격 상승률 8%일 때의 실제 회수기간을 계산하시오.

풀이 식 (9.46)을 활용하면 한계할인율은 0.37%가 된다. 이 결과와 단순회수기간을 식 (9.48)에 대입하면 실제회수기간은 10.2년일 것으로 예상된다.

연습문제

1. 5년 후 보일러를 교체비용이 2,500만원이 필요할 것으로 예상된다. 연이자율 12%이고 연간지급회수가 12일 때 매달 적립금을 계산하시오.

2. 공장 관리자가 5년 후 설비교체비용으로 2억원이 필요할 것으로 예상하여 올해부터 일정액을 불입하기로 하였다. 연 이자율이 4%이고 매월 복리를 적용할 경우의 연간 불입액을 계산하시오.

3. 자녀의 대학 등록금을 준비하기 위하여 매달 10만원씩 18년 동안 투자하는 금융상품에 가입하였다. 연이자율이 3%이고 매일 복리가 적용되는 경우의 미래가치를 구하시오.

4. 사업주가 생산설비를 만 10년차에 교체하는데 1억2천만원이 필요할 것으로 예상하였다. 이에 상환기금을 설정한 후 처음 4년간은 일정액수를 지불하였고, 5년차 되는 해에 설비수명을 2년 단축하는 것으로 결정해서 만 8년차에 설비를 교체하였다. 연 이자율 6%로 매월 납부하는 조건일 경우 처음 4년간 매월 불입한 금액과 다음 4년간 매월 불입한 금액을 계산하시오.

5. 현재 보유하고 있는 중고차를 1,000만원에 매각하고 3,000만원짜리 새 자동차를 구입하려고 한다. 부족한 금액은 연 이자율 10%, 5년 분할상환으로 매달 상환하는 조건으로 대출받고자 할 때, 매월 지불해야하는 금액을 계산하시오. 또한 1년간은 지불하지 않고 다른 조건은 같을 때 매월 지불해야 하는 금액을 계산하시오.

6. 공기조화설비가 설치 후 5년간은 별도의 유지보수 비용이 필요 없을 것으로 예상되지만 6년차부터는 매년 1,200만원의 유지보수비용이 발생할 것으로 예상된다. 회사가 유지보수비용을 충당하기 위하여 설치 후 10년 동안 매년 동일한 금액을 적립하고자 할 때 매년 불입액을 계산하시오. 단, 연이자율은 5%이고, 이자는 매월 적용되며, 모든 비용과 납입은 연말에 이루어진다.

7. 사업목적을 위해 5년간 자동차를 운영할 필요가 있다. 다음 3가지 조건 중 가장 유리한 운영방법을 선정하시오. 단, 차의 구매가격은 2,000만원이고, 5년 후 잔존가치는 500만원이며, 모든 돈의 가치는 물가상승률 3%를 적용하여 미래가치로 환산하시오.
   (1) 현금 구매 : 구매시 총액 납부
   (2) 대부 구매 : 계약금 500만원을 지불한 후, 잔액을 5년간 연이자율 9.5%로 대출
   (3) 임대 : 계약금 150만원 지불 후, 매월 25만원씩 지불

8. 연간 연료가격 상승률이 4.5%이고, 연간할인율이 6%이다. 신규설비에 의해 20년 동안 매년 60만원의 에너지가 절약될 때, 현재가치를 구하시오.

찾아보기

찾아보기

(C)
Clausius 부등식 30

(I)
implicit formulation 91

(ㄱ)
강제대류(forced convection) 97
개방계(open system) 4
검사질량(control mass) 4
검사체적(control volume) 4
검사표면(control surface) 5
교축(throttle) 16
깁스방정식(Gibbs equation) 32

(ㄴ)
냉각법칙 93
냉동계(refrigeration system) 27

(ㄷ)
대류열전달계수 93
대수평균온도차 122
동점성계수(kinematic viscosity) 97
디젤 사이클(Diesel cycle) 50

(ㅂ)
브레이턴 사이클 49

(ㅅ)
성적계수 53
수치해법(numerical methods) 81

(ㅇ)
역학적상사(dynamical similarity) 68
열기관(heat engine) 28
열복사 법칙 101
열역학 3
열역학계 3
열전달계수 93
유동계(flow system) 4

(ㅈ)
자유대류(free convection) 97
작동유체(working fluid) 3
재생랭킨사이클(regeneration Rankine cycle) 46
재열랭킨 사이클(reheat Rankine cycle) 45
전자기복사(electromagnetic radiation) 101
전자기파(electromagnetic wave) 81, 101
전진 차분식(forward difference formulation) 91
점성력(viscous force) 60
점착 조건(no-slip condition) 96
정수력학(fluid statics) 59

(ㅊ)
추기사이클 46

(ㅋ)
쿠에트 유동(Couette flow) 65

저자소개

김동혁 교수
서울대학교 기계공학과 학사
존스홉킨스대학교 기계공학과 박사
한국해양대학교 기계공학부 교수

황광일 교수
고려대학교 기계공학과 학사
와세다대학교 건축공학과 박사
한국해양대학교 기계공학부 교수

에너지시스템 설계

2016년 09월 05일 초판 인쇄
2016년 09월 10일 인쇄 발행

저 자 김동혁, 황광일
발 행 인 송기수
발 행 처 도서출판 GS인터비전
편 집 처 도서출판 GS인터비전
인 쇄 처 대일문예사
등록번호 제 313-2011-120 호
I S B N 979-11-5576-138-0(93530)

주 소 서울 은평구 증산로 15길 69 2층
전 화 02-976-7898, 02-3272-7898.
팩 스 02-6468-7898
홈페이지 gsintervision.co.kr
E-Mail gsinter7@gmail.com

정 가 17,000원